混沌系统的控制问题
研究及其应用

郭荣伟　著

科学出版社

北　京

内 容 简 介

混沌系统及相关的控制问题是非线性系统控制领域的一个研究热点。本书主要介绍了混沌系统镇定、同步、反同步、同时同步和反同步、投影同步、跟踪等问题的最新进展。特别地，对于混沌系统反同步、同时同步和反同步、投影同步问题，本书不仅给出了它们存在的充要条件，而且给出了相应的求解算法。

本书可作为高等院校数学、控制理论与控制工程等专业研究生的教材，也可供自动化等领域的研究人员参考。

图书在版编目（CIP）数据

混沌系统的控制问题研究及其应用 / 郭荣伟著. —北京：科学出版社，2020.10

ISBN 978 7 03 066342-9

Ⅰ. ①混⋯ Ⅱ. ①郭⋯ Ⅲ. ①混沌理论－控制论－研究 Ⅳ. ①O415.5

中国版本图书馆 CIP 数据核字(2020)第 195848 号

责任编辑：王 哲 / 责任校对：杨 然

责任印制：吴兆东 / 封面设计：迷底书装

科 学 出 版 社 出版
北京东黄城根北街 16 号
邮政编码：100717
http://www.sciencep.com

北京九州迅驰传媒文化有限公司 印刷

科学出版社发行 各地新华书店经销

*

2020 年 10 月第 一 版 开本：720×1000 B5
2021 年 1 月第二次印刷 印张：10 1/4 插页：1
字数：200 000
定价：**99.00 元**
（如有印装质量问题，我社负责调换）

前　言

　　非线性科学是当今非常活跃的学科之一，非线性现象在很多领域受到越来越多的关注。在众多的非线性现象中，混沌运动显得尤为突出。混沌运动是一种高级的复杂运动形式，其最重要的特点就是对初值的高度敏感性，初值的微小差别会导致系统状态的巨大差异。混沌系统的控制问题大致可以分为两类，第一类以系统的镇定为目标，第二类以跟踪为目标。第二类控制问题可分为完全同步（简称同步）、反同步、同步与反同步共同存在、投影同步、滞后同步等。虽然目前关于混沌系统的控制问题已经有大量的理论研究和实验结果，但是有些关键的基础性问题没有完全解决，比如并没有给出混沌系统的反同步、同时同步和反同步、投影同步等问题的存在性条件。因此已有结果中所设计的控制器还存在一些局限性。

　　本书主要介绍了混沌系统镇定、同步、反同步、同时同步和反同步、投影同步、跟踪等问题的最新进展。特别地，对于混沌系统反同步、同时同步和反同步、投影同步问题，本书不仅给出了上述问题存在的充要条件，而且给出了相应的求解算法，这是本书与其他相关图书最大的不同之处。

　　由于作者的水平有限，书中难免有不足之处，希望读者不吝指正。

作　者

2020 年 8 月 3 日

目　　录

彩图

第 1 章 绪 论

1.1 混沌系统的概念

非线性科学是当今非常活跃的学科之一，非线性现象在很多领域得到越来越多的关注。在众多的非线性现象中，混沌运动显得尤为突出。混沌运动是一种高级的复杂运动形式，它最重要的特点是对初值的高度敏感性，即初值的微小差别会导致系统状态的巨大差异。混沌运动受到确定性规律的制约，它既不同于布朗运动的随机涨落，也不同于有规律的定规线运动。混沌是耗散和非线性相互作用的结果，由于耗散的作用，混沌系统在整体上和大范围内表现为稳定和相体积的收缩，而非线性作用的结果使轨道局部不稳定，这种不稳定又使轨道局部分离，整体稳定和局部的不稳定形成了混沌的奇异行为，表现出复杂的运动形态，混沌运动具有无穷层次的自相似结构。1963 年，Lorenz 提出了描述热对流不稳定性的模型，其是一个由完全确定的三阶非线性常微分方程描述的耗散系统，但在一定参数范围内出现了非周期的混沌解，参数的微小变化将引起解的巨大变化。这就是方程对初值敏感的表现，即所谓的"蝴蝶效应"。那是最早被发现的混沌系统。混沌的定义最早是由 Yorke 和李天岩在 1975 年提出的，他们在《周期三意味混沌》中首先提出现代科学意义上混沌的数学定义。但是 Li-Yorke 定义的缺陷在于定义中集合的勒贝格测度有可能为零，即混沌是不可观测的，而人们感兴趣的则是可观测的情形。从那时开始，各种混沌定义开始出现，目前比较著名的是 Li-York 意义下的混沌、Devaney 意义下的混沌和 Smale 马蹄意义下的混沌。之后，混沌科学进入了蓬勃发展时期。混沌现象及其研究的发展，使本来完全不同性质的系统(如大气、心脏跳动、生态演化、流星起源等)能用相同的数学工具、物理语言找出其混沌运动的共同特征和规律，发现了通向混沌的几种共同道路。

研究表明，混沌现象是由非线性系统产生的。由非线性所引起的两个变量间依从关系的多值性是导致分岔、跳跃、突变等非线性现象的原因。几乎所有的经典力学系统都显示有混沌运动，规则运动相对地只在局部范围和较短时间内存在。表征混沌中无序现象的两个基本特点是：不可预言性和对于初始值的极端敏感依赖性。一般地，如果一个接近实际而没有内在随机性的模型仍然具有貌似随机的行为，就可以称这个真实物理系统是混沌的。一个随时间确定性变化或具有微弱随机性的变化的动力系统，它的状态可由一个或几个变量数值确定。而一些动力系统中，两个几乎完全一致的状态经过充分长时间后会变得毫无一致性，恰如从长序列中随机选取的两个状态那样，这种系统被称为敏感地依赖于初始条件。目前，常用的典型混沌系统有 Lorenz 系统、Rössler 系统、Chua 电路、Duffing 振子、Logistic 系统、Henon 映射等，陈关荣在研究混沌反控制的过程中发现了一个新的吸引子，该系统与 Lorenz 系统和 Rössler 系统均不拓扑等价，被称为 Chen 系统，这是又一个典型的混沌系统。吕金虎等提出了另一个混沌系统，即被称 Lü 系统。后来，Chen 系统、Lü 系统和一类统一混沌系统被称为 Lorenz 系统簇。

所谓混沌，就是某些具有确定性的非线性系统，在一定参数范围内能给出非周期的、表面看来很混沌的输出，即来源于确定的体系的无规则运动，混沌现象揭示了在确定性和随机性之间存在着由此及彼的桥梁，这在科学观念上存在着深远的意义[1-5]。混沌理论改变了经典物理学的世界观。经典力学假设牛顿力学是决定性的、可测量和可预测的。物理学的两次重大变革——相对论和量子力学，相对论消除了绝对空间与时间的幻象，即牛顿式的幻象，量子力学则消除了关于可控测量过程的牛顿式的梦。混沌表明决定性规律所产生的一条混沌轨道是如此的复杂，如掷骰子那样随机，不可能长期预测。这从根本上粉碎了拉普拉斯(Laplace)关于决定论的完全可预测性。混沌理论帮助我们打破固有思维，再次深刻认识世界上一切矛盾体之间既对立又统一的辩证关系。混沌理论对牛顿力学的致命打击是从研究非线性力学中得到的。它使人们认识到牛顿力学既是确定论的又是随机论的。另外，由耗散结构理论提出的内部时间概念，由分形理论得到混沌吸引子的空间分数维数概念，又将引起对牛顿力学的时空观的新认识。它将指导我们在自然科学领域和社会科学领域进行更深入的研究。同时我们也应主动将混沌理论与自身专业领域结合起来，以期有新的发现和突破。

虽然目前混沌实际上还没有统一的定义，不同领域的科学家往往对其有不同的理解，但是在以下几方面是类似的。

(1)伪随机性：体系处于混沌状态是由体系内部动力学随机性产生的不规则性行为，常称为内随机性。例如，在一维非线性映射中，即使描述系统演化行为的数学模型中不包含任何外加的随机项，控制参数、初始值都是确定的，而系统在混沌区的行为仍表现为随机性。这种随机性自发地产生于系统内部，与外随机性有完全不同的来源与机制，显然是确定性系统内部一种内在随机性和机制作用。体系内的局部不稳定是内随机性的特点，也是对初值敏感性的原因所在。

(2)初值的极其敏感性：系统的混沌运动，无论是离散的或连续的，低维的或高维的，保守的或耗散的，时间演化的还是空间分布的，均具有一个基本特征，即系统的运动轨道对初值的极度敏感性。这种敏感性，一方面反映出在非线性动力学系统内，随机性系统运动趋势的强烈影响；另一方面也将导致系统长期时间行为的不可预测性。

(3)分数维数性：混沌具有分数维数性质，是指系统运动轨道在相空间的几何形态可以用分数维数来描述。例如，Koch雪花曲线的分维数是1.26；描述大气混沌的Lorenz模型的分维数是2.06。体系的混沌运动在相空间无穷缠绕、折叠和扭结，构成具有无穷层次的自相似结构。

(4)普适性：当系统趋于混沌时，所表现出来的特征具有普适意义。其特征不因具体系统的不同和系统运动方程的差异而变化。

(5)标度律：混沌现象是一种无周期性的有序态，具有无穷层次的自相似结构，存在无标度区域。只要数值计算的精度或实验的分辨率足够高，就可以从中发现小尺寸混沌的有序运动，所以具有标度律性质。例如，在倍周期分叉过程中，混沌吸引子的无穷嵌套相似结构，从层次关系上看，具有结构的自相似，具备标度变换下的结构不变性，从而表现出有序性。

经过近几十年的发展，尤其是最近十几年的迅猛发展，目前混沌控制及其应用研究已获得重大的突破性进展，人们已经逐渐改变了对混沌运动的不稳定性、不可控性及不可靠性的偏见，开始逐步认识到混沌的重要作用，并开始利用混沌和应用混沌。所有这些都是一个良好的开端，对这些问题的研究，不仅具有重大的理论价值，而且具有重要的实际应用价值。混沌理论在自然科学和社会科学中都有着广泛的应用，其具体的潜在应用可概括如下。

(1)优化：利用混沌运动的随机性、遍历性和规律性寻找最优点，可用于系统辨识、最优参数设计等方面。

(2)神经网络：将混沌与神经网络相融合，使神经网络由最初的混沌状态逐渐退化到一般的神经网络，利用中间过程混沌状态的动力学特性使神经网络逃离局部极小点，从而保证全局最优，可用于联想记忆、机器人的路径规划等。

(3)图像数据压缩：把复杂的图像数据用一组能产生混沌吸引子的简单动力学方程代替，这样只需记忆存储这一组动力学方程组的参数，其数据量比原始图像数据大大减少，从而实现了图像数据压缩。

(4)高速检索：利用混沌的遍历性可以进行检索，即在改变初值的同时，将要检索的数据和刚进入混沌状态的值相比较，检索出接近于待检索数据的状态。这种方法比随机检索或遗传算法具有更高的检索速度。

(5)非线性时间序列的预测：任何一个时间序列都可以看成一个由非线性机制确定的输入输出系统，如果不规则的运动现象是一种混沌现象，则通过利用混沌现象的非线性技术就能高精度地进行短期预测。

(6)模式识别：利用混沌轨迹对初始条件的敏感性，有可能使系统识别出只有微小区别的不同模式。

(7)经济混沌的定性预测和经济系统的定量预测：运用混沌理论研究包括财政、金融在内的经济和管理问题，特别是有关证券市场股价指数、汇率变化问题。

(8)故障诊断：根据由时间序列再构成的吸引子的集合特征和采样时间序列数据相比较，可以进行故障诊断[6-12]。

1.2 混沌系统的控制问题

1.2.1 控制问题分类

自在 1990 年混沌控制的 OGY 方法提出以来，Ditto 等利用 OGY 方法首次在磁弹体上实现了对不动点的稳定控制，此后，混沌控制的研究从理论和应用两方面得到迅速发展。混沌控制的研究可以分成两大方面，一方面，基于 OGY 方法的成功应用，人们对该方法进行了大量的研究和应用，试图对其进行改进，或者通过对其深入的分析，得到某些参数之间的解析方程。另

一方面,由于非混沌系统尤其是线性系统的控制已经形成了许多成熟的方法,
这些方法正好可以解决 OGY 方法所固有的不足,从自适应控制、模糊控制
到神经网络技术的应用,人们提出了许多用传统控制思想对混沌进行控制的
方法,有些取得了很好的控制效果。从控制原理来看,混沌控制方法大体可
分为反馈控制和无反馈控制两大类。反馈控制法包括 OGY 法及各种改进法、
偶然正比反馈技术、连续变量反馈法、正比变量脉冲反馈法、线性反馈法、
非线性反馈法等。无反馈控制法包括自适应控制法、参数周期扰动法、周期
激励法、传输迁移法、神经网络法、外部噪声法、混沌信号同步法、相位调
节法、人工智能法等[6-12]。

1.2.2　混沌系统几类同步问题的存在性

本章将对混沌系统的几类同步问题进行研究,下面先介绍一些预备知识。
考虑如下的混沌系统

$$\dot{x} = f(x) \tag{1-1}$$

其中,$x \in \mathbf{R}^n$ 是系统的状态变量,$f(x) = [f_1(x), f_2(x), \cdots, f_n(x)]^T$ 是连续的向量函数。

将系统(1-1)设置为主系统,从而相应的受控从系统为

$$\dot{y} = f(y) + Bu \tag{1-2}$$

其中,$y \in \mathbf{R}^n$ 是状态变量,$B \in \mathbf{R}^{n \times r}$,$u \in \mathbf{R}^r$ 是待设计的控制器。

令 $e = y - \alpha x$,则误差系统可以表示为

$$\dot{e} = f(y) - \alpha f(x) + Bu \tag{1-3}$$

其中,$e \in \mathbf{R}^n$ 是系统的状态变量,B、u 见式(1-2),α 为

$$\alpha = \begin{pmatrix} \alpha_1 & \cdots & 0 \\ \vdots & & \vdots \\ 0 & \cdots & \alpha_n \end{pmatrix}$$

$|\alpha_i| = 1$,$i \in \Lambda = \{1, 2, \cdots, n\}$。

下面给出系统(1-1)和系统(1-2)的几种类型同步定义[13-17]。

定义 1.1　考虑误差系统(1-3):

如果 $\lim\limits_{t \to \infty} \| e(t) \| = 0$ 对于所有 $\alpha = I_n$ 都成立,也就是 $\alpha_i = 1, i \in \Lambda$,那么就称主系统(1-1)和从系统(1-2)实现了同步。

如果 $\lim\limits_{t\to\infty}\|e(t)\|=0$ 对于所有 $\alpha=-I_n$ 都成立，也就是 $\alpha_i\equiv-1$，$i\in\Lambda$，那么就称主系统(1-1)和从系统(1-2)实现了反同步。

如果 $\lim\limits_{t\to\infty}\|e(t)\|=0$ 对于一些 $\alpha_i=1$，而其余的 $\alpha_j=-1$，且 $i\neq j\in\Lambda$ 成立，那么就称主系统(1-1)和从系统(1-2)实现了同步与反同步共同存在。即主系统(1-1)的一些变量 x_i 与从系统(1-2)相应的变量 y_i，$i\in\Lambda$ 实现了同步，同时主系统(1-1)其他的变量 x_j 与从系统(1-2)相应的变量 y_j，$j\in\Lambda$，$i\neq j$ 实现了反同步。

要设计一个物理上可实现的控制器，那么 $e=0$ 应该是如下未受控误差系统的平衡点

$$\dot{e}=f(x)-\alpha f(x) \tag{1-4}$$

因此

$$f(\alpha x)-\alpha f(x)\equiv 0 \tag{1-5}$$

即

$$f(\alpha x)\equiv\alpha f(x) \tag{1-6}$$

据此，得出以下结论。

推论1.1　考虑主混沌系统(1-1)：$\alpha=I_n$ 一定是方程(1-6)的解，因此，对于两个相同的混沌系统，其完全同步一定存在。

因此，在研究两个相同混沌系统的完全同步问题时不会验证完全同步问题是否存在。

推论1.2　考虑主混沌系统(1-1)：$\alpha=-I_n$ 是方程(1-6)的解 $\Leftrightarrow f(-x)=-f(x)$。

因此，在研究两个相同混沌系统的反同步问题时需要验证条件 $f(-x)=-f(x)$ 是否满足。如果不满足，可验证主混沌系统(1-1)的部分子系统是否满足上述性质，即是否存在部分反同步的问题。

根据文献[17]中的结果，得到以下结论。

推论1.3　考虑主混沌系统(1-1)，如果一些 $\alpha_i=1$，其他的 $\alpha_j=-1$，$i\neq j\in\Lambda$，是方程(1-6)的解，那么主混沌系统(1-1)存在同时同步与反同步问题。

参 考 文 献

[1] 方洁, 娄新杰, 许丹莹, 等. 滑模控制的多混沌系统组合函数投影同步. 河南科技大学学报(自然科学版), 2020, 41(1): 36-41.

[2] 赵少卿, 崔岩, 周六圆, 等. 时滞 Rössler 系统的 Hopf 分岔分析. 河南科技大学学报(自然科学版), 2020, 41(1): 93-99.

[3] 颜闽秀，徐辉. 反结构混沌系统及其电路设计. 沈阳大学学报（自然科学版），2020，32(1): 45-50.

[4] 王江彬，刘崇新. 4 阶混沌电力系统的协同控制方法. 西安交通大学学报，2020,54(1): 26-31.

[5] 孙军伟，李楠，王延峰. 基于自适应控制的八个混沌系统的多级组合同步. 计算机应用研究，2020, 37(1): 188-192.

[6] 毛北行. 分数阶不确定 Like-Bao 系统的有限时间同步. 吉林大学学报（理学版），2020, 58(1): 145-150.

[7] 杨益飞，骆敏舟，张宏，等. 永磁同步电动机系统与 Rössler 系统的自适应同步. 制造技术与机床，2020, 1: 103-106.

[8] 杨丹，谢淑翠，张建中. 基于超混沌与分块操作的快速图像加密算法. 计算机工程与设计，2020, 41(1): 40-45.

[9] 王平，张玉书，何兴，等. 基于安全压缩感知的大数据隐私保护. 大数据，2020，6(1): 12-22.

[10] 曾珂，禹思敏，胡迎春，等. 基于 3D-LSCM 的图像混沌加密算法. 电子技术应用，2020, 46(1): 86-91.

[11] 付正，李嵘. 基于新型切换 Lorenz 混沌系统的图像加密算法研究. 计算机与数字工程，2020, 48(1): 170-173.

[12] 郝建红，刘博伦. 改进型 Sprott-A 系统隐藏吸引子的参数特性. 河北师范大学学报（自然科学版），2020, 44(1): 25-31.

[13] Ren L, Guo R W. Synchronization and anti synchronization for a class of chaotic systems by a simple adaptive controller. Mathematical Problems in Engineering, 2015, 434651: 1-7.

[14] Yang A Q, Li L S, Wang Z X, et al. Tracking control of a class of chaotic systems. Symmetry, 2019, 11(4): 568.

[15] Guo R W. Projective synchronization of a class of chaotic systems by dynamic feedback control method. Nonlinear Dynamics, 2017, 90(1): 53-64.

[16] Wang Z X, Guo R W. Hybrid synchronization problem of a class of chaotic systems by an universal control method. Symmetry, 2018, 10(11): 552.

[17] Ren L, Guo R W, Vincent U E. Coexistence of synchronization and anti-synchronization in chaotic systems. Archives of Control Sciences, 2016, 26(1): 69-79.

第 2 章　混沌系统控制问题的实现

目前关于非线性系统的控制问题有很多方法，例如，线性反馈控制方法、非线性反馈控制方法、滑模控制方法、自适应控制方法、基于三角结构系统的控制方法、基于 Hamilton 实现的控制方法等。混沌系统作为一个特殊的非线性系统，上述方法也可用来实现混沌系统的控制问题。下面重点介绍四种实现混沌控制问题的控制方法[1-14]。

2.1　线性反馈方法

2.1.1　理论方法

考虑如下的受控混沌系统

$$\dot{x} = f(x) + Bu \tag{2-1}$$

其中，$x \in \mathbf{R}^n$ 是系统的状态变量，$f(x) = [f_1(x), f_2(x), \cdots, f_n(x)]^{\mathrm{T}}$ 是连续的向量函数，$B \in \mathbf{R}^{n \times r}$，$u \in \mathbf{R}^r$ 是待设计的控制器。

定理 2.1　考虑受控混沌系统 (2-1)，如果 $(f(x), B)$ 可镇定，则设计的线性反馈控制器为

$$u = Kx \tag{2-2}$$

其中，$K \in \mathbf{R}^{r \times n}$ 是常数矩阵。

注 2.1　线性反馈不仅在形式上简单，而且在实际中也容易实现。但是，对于非线性系统，特别是混沌系统而言，估计反馈增益矩阵 K 是非常困难的。通常，为了实现某些控制问题，K 的选择往往非常保守。

2.1.2　数值例子及仿真

例 2.1　考虑如下的受控 Lorenz 系统

$$\dot{x} = f(x) + Bu \tag{2-3}$$

其中，$x \in \mathbf{R}^3$ 是系统的状态，$f(x) \in \mathbf{R}^3$ 是连续的向量函数，即

$$f(x) = \begin{pmatrix} 10(x_2 - x_1) \\ 28x_1 - x_2 - x_1 x_3 \\ -8x_3 / 3 + x_1 x_2 \end{pmatrix}, \quad B = \begin{pmatrix} 0 \\ 1 \\ 0 \end{pmatrix} \tag{2-4}$$

注意到对于未受控 Lorenz 系统

$$\begin{aligned} \dot{x}_1 &= 10(x_2 - x_1) \\ \dot{x}_2 &= 28x_1 - x_2 - x_1 x_3 \\ \dot{x}_3 &= -\frac{8}{3}x_3 + x_1 x_2 \end{aligned} \tag{2-5}$$

如果 $x_2 = 0$，则下面的子系统

$$\begin{aligned} \dot{x}_1 &= -10x_1 \\ \dot{x}_3 &= -\frac{8}{3}x_3 \end{aligned}$$

是渐近稳定的。因此 $(f(x), B)$ 可镇定。根据定理 2.1，受控的 Lorenz 混沌系统如下

$$\dot{x} = f(x) + Bu$$

其中

$$u = (0, \quad -100, \quad 0)x(t) = -100x_2$$

即

$$\begin{aligned} \dot{x}_1 &= 10(x_2 - x_1) \\ \dot{x}_2 &= 28x_1 - x_2 - x_1 x_3 - 100x_2 \\ \dot{x}_3 &= -\frac{8}{3}x_3 + x_1 x_2 \end{aligned} \tag{2-6}$$

选择受控的 Lorenz 混沌系统 (2-6) 的初始值为 $x(0) = [-3, 4, 6]$。应用 MATLAB 仿真如图 2.1 所示，可看出 Lorenz 系统的各个状态渐近稳定。

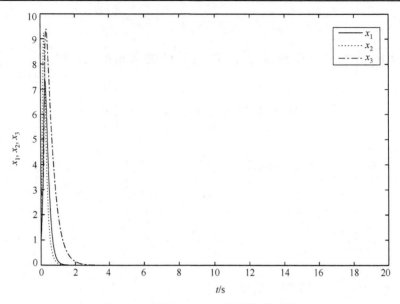

图 2.1　受控 Lorenz 系统的状态图

2.2　动态增益反馈控制方法

　　线性反馈控制方法具有形式简单、容易实现的特点，但是对于一个非线性系统而言，寻找反馈增益是个非常困难的问题。通常情况下，为了实现控制目标，往往选择比较保守的反馈增益，而这个反馈增益与系统的初始值有关，只有对于一些特殊的系统，才能找到不依赖于系统初始值的反馈增益。因此，能不能设计一种新的控制器，即反馈增益是动态变化的，这就是下面将要介绍的动态增益反馈控制方法。

2.2.1　理论方法

　　关于混沌系统的镇定问题，这里使用动态增益反馈方法。

　　定理 2.2　考虑如下系统

$$\dot{x} = h(x) + bu \tag{2-7}$$

其中，$x \in \mathbf{R}^n$ 是状态向量，$h(x) \in \mathbf{R}^n$ 是一个向量函数，$b \in \mathbf{R}^{m \times r}$ 是常数矩阵，$r \geq 1$，$u \in \mathbf{R}^r$ 是待设计的控制器。如果 $(h(x), b)$ 是镇定的，则设计的动态增益反馈控制器为

$$u = Kx \tag{2-8}$$

其中，$K = k(t)b^{\mathrm{T}}$，且反馈增益 $k(t)$ 更新率为

$$\dot{k}(t) = -\| x(t) \|^2 \tag{2-9}$$

注 2.2　使用定理 2.2 中方法的一个关键因素是 $(h(x), b)$ 可镇定，这便需要根据 $f(x)$ 的形式选择合适的 $b \in \mathbf{R}^{m \times r}$ 来满足要求。

利用对各个状态变量依次分析的方法来寻找合适的 $b \in \mathbf{R}^{m \times r}$ 使得 $(h(x), b)$ 可镇定。

以如下的 Lorenz 系统为例

$$
\begin{aligned}
\dot{x}_1 &= 10(x_2 - x_1) \\
\dot{x}_2 &= 28x_1 - x_2 - x_1 x_3 \\
\dot{x}_3 &= -\frac{8}{3}x_3 + x_1 x_2
\end{aligned}
\tag{2-10}
$$

如果 $x_2 = 0$，则下面的子系统

$$
\begin{aligned}
\dot{x}_1 &= -10x_1 \\
\dot{x}_3 &= -\frac{8}{3}x_3
\end{aligned}
\tag{2-11}
$$

是渐近稳定的。据此只需要设计一个控制器使得 $x_2 = 0$。此时，选择 $b = [0,\ 1,\ 0]^{\mathrm{T}}$，则 $(h(z), b)$ 是可镇定的。

2.2.2　数值例子及仿真

例 2.2　考虑如下的受控 Genesio 系统

$$\dot{x} = f(x) + Bu \tag{2-12}$$

其中，$x \in \mathbf{R}^3$ 是系统的状态，$f(x) \in \mathbf{R}^3$ 是连续的向量函数，即

$$
f(x) = \begin{pmatrix} f_1(x) \\ f_2(x) \\ f_3(x) \end{pmatrix} = \begin{pmatrix} x_2 \\ x_3 \\ -6x_1 - 2.92x_2 - 1.2x_3 + x_1^2 \end{pmatrix}, \quad B = \begin{pmatrix} 1 \\ 0 \\ 0 \end{pmatrix}
\tag{2-13}
$$

如果 $x_1 = 0$，则下面的子系统

$$
\begin{aligned}
\dot{x}_2 &= x_3 \\
\dot{x}_3 &= -2.92x_2 - 1.2x_3
\end{aligned}
\tag{2-14}
$$

是渐近稳定的。据此只需要设计一个控制器使得 $x_2 = 0$。此时，选择 $b = [1,\ 0,\ 0]^{\mathrm{T}}$，则 $[h(z), b]$ 是可镇定的。

因此，根据定理 2.2，所设计的动态增益控制器如下

$$u = K(t)x = k(t)B^{\mathrm{T}}x = k(t)[1,\ 0,\ 0]x = k(t)x_1 \tag{2-15}$$

其中，$\dot{k}(t) = -\|x\|^2$。

选择受控的 Genesio 混沌系统 (2-12) 的初始值为 $x(0) = [-3,\ 4,\ 6]$，动态反馈增益的初始值为 $k(0) = -1$。应用 MATLAB 仿真如图 2.2 和图 2.3 所示。从图 2.2 可看出 Genesio 系统的各个状态渐近稳定，图 2.3 显示了动态反馈增益趋于一个合适的常数。

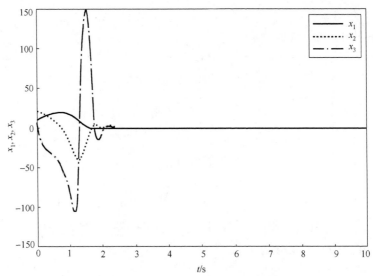

图 2.2　受控 Genesio 系统的状态图

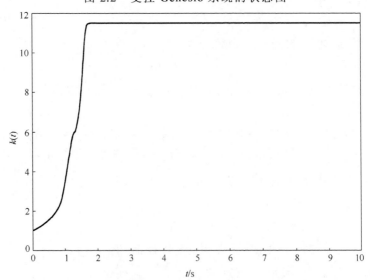

图 2.3　动态反馈增益渐近收敛到一个合适的常数

注 2.3　动态增益反馈控制方法不仅适合于非线性控制系统，也适合于线性控制系统。其在形式上也与线性反馈控制方法是一样的，只是反馈增益动态变化，自动收敛到一个与初始值有关的合适值。

2.3　类线性反馈方法

2.3.1　理论方法

定理 2.3　考虑如下的混沌系统

$$\dot{x} = h(x) + bu \tag{2-16}$$

其中，$x \in \mathbf{R}^n$ 是状态向量，$h(x) \in \mathbf{R}^n$ 是一个向量函数，$b \in \mathbf{R}^{m \times r}$ 是常数矩阵，$r \geq 1$，$u \in \mathbf{R}^r$ 是待设计的控制器。如果 $(h(x), b)$ 是镇定的，且系统 (2-16) 可分解为如下的两个子系统

$$\dot{M} = A(N)M + b_1 u \tag{2-17}$$

$$\dot{N} = F(N, M) + b_2 u \tag{2-18}$$

$\dot{N} = F(0, N)$ 是渐近稳定的，$x = (M, N)$，$M \in \mathbf{R}^m$，$1 \leq m < n$，

$$b = \begin{pmatrix} b_1 \\ b_2 \end{pmatrix}, \quad b_1 \in \mathbf{R}^{m \times r}, \quad b_2 \in \mathbf{R}^{(n-m) \times r} \tag{2-19}$$

则设计的控制器为

$$u = K(N)x \tag{2-20}$$

$K(N)$ 满足矩阵 $(A(N) + b_1 K(N)M)$ 不管 N 为何值都是 Hurwitz 的。

2.3.2　数值例子及仿真

例 2.3　考虑如下的受控 Lorenz 系统

$$\dot{x} = f(x) + Bu \tag{2-21}$$

其中，$x \in \mathbf{R}^3$ 是系统的状态，$f(x) \in \mathbf{R}^3$ 是连续的向量函数，即

$$f(x) = \begin{pmatrix} f_1(x) \\ f_2(x) \\ f_3(x) \end{pmatrix} = \begin{pmatrix} 10(x_2 - x_1) \\ 28x_1 - x_2 - x_1 x_3 \\ -8x_3/3 + x_1 x_2 \end{pmatrix}, \quad B = \begin{pmatrix} 0 \\ 1 \\ 0 \end{pmatrix} \tag{2-22}$$

注意到，如果 $x_2 = 0$ ，则下面的子系统

$$\dot{x}_1 = -10x_1$$

$$\dot{x}_3 = -\frac{8}{3}x_3$$

是渐近稳定的。因此 $(f(x), B)$ 可镇定的。

令 $M = (x_1, x_2)$ ， $N = x_3$ ，则 Lorenz 系统变为

$$\dot{M} = A(N)M + B_1 u \tag{2-23}$$

$$\dot{N} = F(N, M) + B_2 u \tag{2-24}$$

其中

$$A(N) = \begin{pmatrix} -10 & 10 \\ 28-N & -1 \end{pmatrix}, \quad B_1 = \begin{pmatrix} 0 \\ 1 \end{pmatrix}, \quad B_2 = 0 \tag{2-25}$$

$$\dot{N} = -\frac{8}{3}N + x_1 x_2 \tag{2-26}$$

其中，系统 (2-26) 满足 $\dot{N} = -8N/3$ 渐近稳定，因此根据定理 2.3，设计的控制器为

$$u = K(N)x = (N-28, \quad 0)x = (N-28)x_1 \tag{2-27}$$

选择系统 (2-21) 的初始值为 $x(0) = [-3, \ 4, \ 6]$ ，仿真结果如图 2.4 所示，可看出 Lorenz 系统的各个状态渐近稳定。

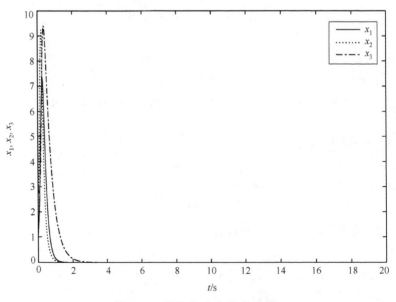

图 2.4　系统 (2-21) 的状态图

注 2.4　在 2.1 节中，应用线性反馈控制方法给出的反馈增益比较大，而应用类线性反馈方法直接设计出了控制器，不用估计反馈增益。但是该方法也有缺陷，即只有能转化成两个子系统 (2-23) 和 (2-24) 的混沌系统才可以。

2.4　基于三角结构系统的镇定方法

2.4.1　理论方法

根据文献[15]~文献[19]，n 维三角结构系统如下

$$
\begin{aligned}
\dot{x}_1 &= a_1 x_2 + f_1(x_1) \\
\dot{x}_2 &= a_2 x_3 + f_2(x_1, x_2) \\
&\vdots \\
\dot{x}_{n-1} &= a_{n-1} x_n + f_{n-1}(x_1, x_2, \cdots, x_{n-1}) \\
\dot{x}_n &= u + f_n(x_1, x_2, \cdots, x_n)
\end{aligned}
\tag{2-28}
$$

其中，$a_i \neq 0$, $i = 1, 2, \cdots, n-1$ 是正实数，$x_k \in \mathbf{R}$, $k = 1, 2, \cdots, n$ 是这类系统的状态向量，$f_l(x_1, x_2, \cdots, x_l)$ 是连续函数，$l = 1, 2, \cdots, n$，且满足如下的条件

$$
\left| f_l(x_1, x_2, \cdots, x_l) \right| \leqslant C \sum_{j=1}^{l} \left| x_j \right|, \quad C > 0
\tag{2-29}
$$

注 2.5　式 (2-29) 给出的条件是比较宽松的，大部分混沌或者超混沌系统都满足这一条件。

特别地，如果 $a_i = 1$，$i = 1, 2, \cdots, n-1$，则系统 (2-28) 变为

$$
\begin{aligned}
\dot{x}_1 &= x_2 + f_1(x_1) \\
\dot{x}_2 &= x_3 + f_2(x_1, x_2) \\
&\vdots \\
\dot{x}_{n-1} &= x_n + f_{n-1}(x_1, x_2, \cdots, x_{n-1}) \\
\dot{x}_n &= u + f_n(x_1, x_2, \cdots, x_n)
\end{aligned}
\tag{2-30}
$$

注 2.6　当 $u = 0$，三角系统 (2-28) 被称为自由三角系统。系统 (2-28) 是非常普遍的，很多混沌系统或者超混沌系统通过适当的坐标变换转化为该类系统。如 Arneodo 系统、修正的 Chua 系统、Genesio-Tesi 系统都具有系统 (2-28)

的形式；有一些混沌系统虽然本身不具有系统(2-28)的形式，如 Rössler 系统，但是经过适当的坐标变换可以转化为系统(2-28)的形式。

定理 2.4　对于三维的系统(2-28)，如果控制器 u 满足如下条件

$$u = [-a_1 a_2 f_3(x_1, c, x_3) + \dot{x}_3^* - (a_1 x_2 - x_2^*) - (a_1 a_2 x_3 - x_3^*)]/(a_1 a_2) \tag{2-31}$$

这里的 x_2^*, x_3^* 是虚拟输入，即

$$x_2^* = -x_1 - f_1(x_1)$$

$$x_3^* = -(a_1 x_2 - x_2^*) - a_1 f_2(x_1, x_2) - x_1 + \dot{x}_2^*$$

则系统(2-28)使上述控制器作用达到镇定。

2.4.2　数值例子及仿真

例 2.4　考虑 Rössler 混沌系统

$$\begin{aligned}
\dot{x}_1 &= -x_2 - x_3 \\
\dot{x}_2 &= x_1 + 0.36 x_2 \\
\dot{x}_3 &= 0.4 x_1 - 4.5 x_3 + x_1 x_3
\end{aligned} \tag{2-32}$$

显然，系统(2-32)不具有三维系统(2-30)的形式。

作如下的变换

$$z_1 = x_2, \quad z_2 = x_1, \quad z_3 = x_3$$

则受控 Rössler 混沌系统如下

$$\begin{aligned}
\dot{z}_1 &= z_2 + 0.36 z_1 \\
\dot{z}_2 &= -z_3 - z_1 \\
\dot{z}_3 &= u + 0.4 z_2 - 4.5 z_3 + z_2 z_3
\end{aligned} \tag{2-33}$$

显然，系统(2-33)具有系统(2-30)的形式($n=3$)。

根据定理 2.4，设计的控制器为

$$u = -3.36 z_3 + 5.2096 z_2 + 1.5155 z_1 - (0.4 z_2 - 4.5 z_3 + z_2 z_3) \tag{2-34}$$

下面进行数值仿真，选取系统(2-32)初值为 $x(0) = [-3,\ 4,\ -7]$，数值仿真结果如图 2.5 所示。

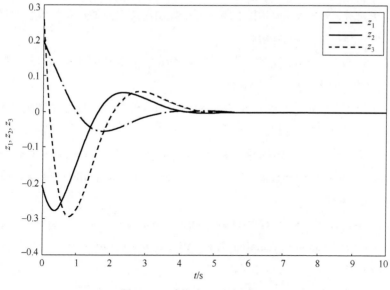

图 2.5　系统 (2-32) 状态图

参 考 文 献

[1]　徐瑞萍, 高存臣. 基于线性反馈控制的一类混沌系统的同步. 中国海洋大学学报 (自然科学版), 2014, 44 (5): 114-120.

[2]　张雪锋, 范九伦. 基于线性反馈移位寄存器和混沌系统的伪随机序列生成方法. 物理学报, 2010, 59 (4): 2289-2297.

[3]　潘晓英. 基于线性反馈移位寄存器和分组密码的伪随机数生成方法. 通信技术, 2015, 48 (2): 228-231.

[4]　陈保颖. 线性反馈实现 Liu 系统的混沌同步. 动力学与控制学报, 2006, 1: 1-4.

[5]　王发强, 刘崇新. Liu 混沌系统的线性反馈同步控制及电路实验的研究. 物理学报, 2006, 55 (10): 5055-5060.

[6]　刘扬正, 姜长生. 线性反馈控制新的 4 维超混沌系统同步. 四川大学学报 (工程科学版), 2007, 39 (6): 138-142.

[7]　单梁, 刘光杰, 李军, 等. Liu 混沌系统的线性反馈和状态观测器同步. 系统仿真学报, 2007, 19 (6): 1335-1338.

[8]　王亚锋, 张友安, 孙富春, 等. 在线优化线性反馈增益的非线性鲁棒预测控制方法. 控制与决策, 2011, 26 (11): 1745-1748.

[9]　李农, 李建芬, 刘宇平, 等. 基于线性反馈控制的不确定混沌系统的参数辨识. 物理学报, 2008, 57(3): 1404-1408.

[10]　栾志存, 张跃军, 王佳伟, 等. 基于线性反馈的多模混合可重构 PUF 电路设计. 电子技术应用, 2018, 44(11): 24-28.

[11]　王澜涛, 王友仁, 张砦. 基于 m 序列的可重构线性反馈移位寄存器研究. 电脑与信息技术, 2009, 17(2): 9-12.

[12]　Ma R C, Zhao J. Backstepping design for global stabilization of switched non-linear systems in lower triangular form under arbitrary switchings. Automatica, 2010, 46(11): 1819-1823.

[13]　Niu B, Zhao J. Tracking control for output-constrained nonlinear switched systems with a barrier Lyapunov function. International Journal of Systems Science, 2013, 44 (5): 978-985.

[14]　Zhang X F, Liu L, Feng G, et al. Asymptotical stabilization of fractional-order linear systems in triangle. Automatica, 2013, 49(11): 3315-3321.

[15]　Ren L, Guo R W. Synchronization and anti synchronization for a class of chaotic systems by a simple adaptive controller. Mathematical Problems in Engineering, 2015, 434651: 1-7.

[16]　Yang A Q, Li L S, Wang Z X, et al. Tracking control of a class of chaotic systems. Symmetry, 2019, 11(4): 568.

[17]　Guo R W. Projective synchronization of a class of chaotic systems by dynamic feedback control method. Nonlinear Dynamics, 2017, 90(1): 53-64.

[18]　Wang Z X, Guo R W. Hybrid synchronization problem of a class of chaotic systems by an universal control method. Symmetry, 2018, 10(11): 552.

[19]　Ren L, Guo R W, Vincent U E. Coexistence of synchronization and anti-synchronization in chaotic systems. Archives of Control Sciences, 2016, 26(1): 69-79.

第 3 章 混沌系统的镇定

3.1 引　言

自从 Lorenz 在 1963 年首次发现混沌系统以来，混沌系统以及混沌现象已经成为一个非常具有吸引力的热门研究方向[1]。混沌系统对其初始值极其敏感，这使得人们在研究其控制问题时遇到很多以前没有遇到的问题。刚开始，人们认为一个实际系统出现混沌是一件非常麻烦的事情，因此往往设计控制器或者改变初值来使系统不产生混沌现象。后来，在 1990 年 Ott、Grebogi 和 York 首次发现可以利用混沌，即著名的 OGY 方法[2]，而 Pecora 和 Carroll 首次发现了两个相同的混沌系统可以实现完全同步，即著名的 PC 方法[3]。这些现象将混沌系统以及相关的混沌控制问题发展到一个新的高潮，并且将混沌系统的相关结果应用到了很多领域，比如工程、科学、保密通信、生物、化学，甚至社会科学[4-7]。目前，关于混沌系统的控制问题已经有大量的理论结果和实验结果，比如混沌系统的镇定、完全同步、反同步、同时同步和反同步、投影同步、滞后同步等[8-15]。在这些问题中，镇定问题是最基础的，比如完全同步问题就是误差系统的镇定问题。

这里需要重点指出的是上述所得到的理论结果都基于这样一个基本假设：系统的模型是精确的，而且没有外部扰动。而事实上，对于一个实际问题，模型不确定性和外部扰动是不可能完全避免的。因此，研究含有模型不确定性和外部扰动的混沌系统的镇定问题非常有意义。目前有自适应控制方法、滑模控制方法[16,17]。但是，上述处理模型不确定性和外部扰动的方法都假设模型不确定性和外部扰动是有界的，而且这个界往往都比较小，比如 $d(t) \in L_2^n[0, +\infty)$ 或者 $d(t)$ 是 L_2 有界的。还需要指出的是目前关于混沌系统的鲁棒控制问题大部分基于线性矩阵不等式工具。众所周知，线性矩阵不等式所得到的条件只是充分条件，同时所得的结果也比较保守，在实际中不容易实现。

基于 UDE(uncertainty and disturbance estimator)的控制方法[18,19]是一种处理模型不确定性和外部扰动的好方法。该方法的基本思想是通过设计合适的滤波器从整体上估计模型不确定性和外部扰动。因此，一个很自然的想法是，能否将基于 UDE 的控制方法结合动态增益控制方法来得到一个基于 UDE 的动态增益控制方法，从而实现含有模型不确定性和外部扰动的混沌系统的镇定问题。

本章将分两步对混沌系统的鲁棒镇定问题进行研究。首先，研究标称系统，即不含有模型不确定性和外部扰动的混沌系统的镇定问题；然后，研究如何设计滤波器来估计模型确定性和外部扰动；最后，将前两步设计的控制器结合，从而得到混沌系统的鲁棒镇定控制器。

3.2　混沌系统的镇定问题

3.2.1　标称混沌系统的镇定

考虑如下的混沌系统

$$\dot{x} = f(x) \tag{3-1}$$

其中，$x \in \mathbf{R}^n$ 是系统的状态变量，$f(x) = [f_1(x), f_2(x), \cdots, f_n(x)]^T$ 是连续的向量函数，且 $f(0) = 0$。

假设 3.1　$x_e = 0$ 是系统(3-1)的平衡点，即 $f(x_e) = 0$。

注 3.1　假如 $x_e \neq 0$，即原点不是平衡点时，需要做一个坐标平移 $y = x - x_e$，则系统(3-1)变为 $\dot{y} = f(y + x_e)$，其平衡点是原点。

下面给出系统(3-1)镇定的定义。

定义 3.1　考虑如下的受控系统

$$\dot{x} = f(x) + Bu \tag{3-2}$$

其中，$(f(x), B)$ 可控，$B \in \mathbf{R}^{m \times r}$ 是常矩阵，$r \geqslant 1$，u 是待设计的控制器。假如有 $\lim_{t \to \infty} \| x(t) \| = 0$，则称系统(3-1)达到了镇定。

关于混沌系统的镇定问题，这里使用动态增益反馈方法，即定理 2.2。

3.2.2　含有模型不确定性和外部扰动的混沌系统的镇定问题

对于同时含有模型不确定性和外部扰动的混沌系统的镇定问题，基于动态增益反馈控制方法和基于 UDE 的控制方法，本书得到如下的结果。

定理 3.1　考虑如下同时含有模型不确定性和外部扰动的混沌系统

$$\dot{x} = f(x) + Bu + \Delta f(x) + d(t) \tag{3-3}$$

其中，$(f(x), B)$ 可控，$B \in \mathbf{R}^{n \times r}$，$r \geqslant 1$，$\Delta f(x)$ 是模型的不确定性，$d(t)$ 是外部扰动，$u_d = \Delta f(x) + d(t)$ 满足如下的结构限制条件

$$[I_n - BB^+]u_d \equiv 0 \tag{3-4}$$

其中，I_n 是 n 阶单位矩阵，$B^+ = (B^T B)^{-1} B^T$，$u_d = \Delta f(x) + d(t)$。如果设计合适的滤波器 $g_f(t)$ 满足

$$\tilde{u}_d = \hat{u}_d - u_d \to 0, \quad t \to \infty \tag{3-5}$$

$\hat{u}_d = (\dot{x} - F(x) - Bu_{\text{UDE}}) * g_f(t)$，则设计的控制器 u 具有如下形式

$$u = u_s + u_{\text{UDE}} \tag{3-6}$$

其中

$$u_s = K(t)x(t) = k(t)B^T x(t) \tag{3-7}$$

$$u_{\text{UDE}} = B^+ \left\{ \ell^{-1}\left[\frac{G_f(s)}{1 - G_f(s)}\right] * F(x) - \ell^{-1}\left[\frac{sG_f(s)}{1 - G_f(s)}\right] * x(t) \right\} \tag{3-8}$$

$F(x) = f(x) + Bu_s = f(x) + k(t)BB^T x(t)$，$B^+ = (B^T B)^{-1} B^T$，$G_f(s) = \ell[g_f(t)]$，$\ell$ 表示 Laplace 变换，ℓ^{-1} 表示 Laplace 逆变换，$*$ 表示卷积，且动态反馈增益满足如下的更新率

$$\dot{k}(t) = -\|x(t)\|^2 \tag{3-9}$$

证明：将式 (3-7) 给出的控制器代入式 (3-6) 得到

$$\dot{x} = f(x) + Bu_s + Bu_{\text{UDE}} + u_d = F(x) + Bu_{\text{UDE}} + u_d \tag{3-10}$$

注意到，$\dot{x} = f(x) + Bu_s = F(x)$ 是渐近稳定的，而

$$Bu_{\text{UDE}} = -\hat{u}_d = -(\dot{x} - F(x) - Bu_{\text{UDE}}) * g_f(t)$$

由条件式 (3-5) 得到，系统 (3-3) 渐近稳定。证毕。

定理 3.1 给出了如何处理含有模型不确定性和外部扰动的系统的镇定问题。该问题可分两步解决，首先考虑标称系统 (未含有模型不确定性和外部扰动) 的镇定问题，然后应用基于 UDE 的控制方法，设计合适的滤波器。最后结合所设计的两个控制器就能实现上述系统的镇定。

注3.2　文献[18]给出了如下的两种滤波器，它们能处理常见的各种模型不确定性和外部扰动。

①低通滤波器。

$$G_f(s) = \frac{1}{1+\tau s}, \quad \tau = 0.001 \tag{3-11}$$

②二阶滤波器。

$$G_f(s) = \frac{a_1 s + (a_2 - \omega_0^2)}{s^2 + a_1 s + a_2} \tag{3-12}$$

其中，$\omega_0 = 4\pi$，$a_1 = 10\omega_0$，$a_2 = 100\omega_0^2$。

低通滤波器处理 $d(t)$ 是常数的情况，二阶滤波器处理 $d(t)$ 是其他的情况。

3.2.3　数值例子及仿真

例 3.1　考虑如下的受控 Lorenz 系统

$$\dot{x} = f(x) + Bu + \Delta f(x) + d(t) \tag{3-13}$$

其中，$x \in \mathbf{R}^3$ 是系统的状态，$f(x) \in \mathbf{R}^3$ 是连续的向量函数，$\Delta f(x) \in \mathbf{R}^3$ 是模型的不确定性，$d(t) \in \mathbf{R}^3$ 是外部扰动，即

$$f(x) = \begin{pmatrix} f_1(x) \\ f_2(x) \\ f_3(x) \end{pmatrix} = \begin{pmatrix} 10(x_2 - x_1) \\ 28x_1 - x_2 - x_1 x_3 \\ -8x_3/3 + x_1 x_2 \end{pmatrix}, \quad B = \begin{pmatrix} 0 \\ 1 \\ 0 \end{pmatrix} \tag{3-14}$$

$$\Delta f(x) = \begin{pmatrix} 0 \\ 0.3x_1 x_2 \\ 0 \end{pmatrix}, \quad d(t) = \begin{pmatrix} 0 \\ 10 \\ 0 \end{pmatrix} \tag{3-15}$$

首先研究标称系统的镇定，即

$$\dot{x} = f(x) + Bu \tag{3-16}$$

注意到对于未受控标称系统

$$\begin{aligned}
\dot{x}_1 &= 10(x_2 - x_1) \\
\dot{x}_2 &= 28x_1 - x_2 - x_1x_3 \\
\dot{x}_3 &= -\frac{8}{3}x_3 + x_1x_2
\end{aligned} \tag{3-17}$$

如果 $x_2 = 0$ ，则下面的子系统

$$\begin{aligned}
\dot{x}_1 &= -10x_1 \\
\dot{x}_3 &= -\frac{8}{3}x_3
\end{aligned}$$

是渐近稳定的。因此， $(f(x), B)$ 可镇定。根据定理 3.1，受控的 Lorenz 混沌系统如下

$$\dot{x} = f(x) + Bu_s$$

其中

$$u_s = k(t)B^{\mathrm{T}}x(t) = k(t)(0,\ 1,\ 0)x(t) = k(t)x_2$$

$$\dot{k}(t) = -x^{\mathrm{T}}x = -\|x(t)\|^2$$

即

$$\begin{aligned}
\dot{x}_1 &= 10(x_2 - x_1) \\
\dot{x}_2 &= 28x_1 - x_2 - x_1x_3 + kx_2 \\
\dot{x}_3 &= -\frac{8}{3}x_3 + x_1x_2 \\
\dot{k} &= -\|x\|^2
\end{aligned} \tag{3-18}$$

下面进行数值仿真，选择受控的 Lorenz 混沌系统 (3-16) 的初始值为 $x(0) = [-3,\ 4,\ 6]$，动态反馈增益 $k(t)$ 的初值为 $k(0) = -1$，仿真结果如图 3.1 和图 3.2 所示。从图 3.1 可看出 Lorenz 系统的各个状态渐近稳定。图 3.2 显示了动态反馈增益收敛到一个合适的常数。

若令 $M = (x_1, x_2)$ ， $N = x_3$ ，则 Lorenz 系统变为

$$\dot{M} = A(N)M + B_1u \tag{3-19}$$

$$\dot{N} = F(N, M) + B_2u \tag{3-20}$$

其中

$$A(N) = \begin{pmatrix} -10 & 10 \\ 28-N & -1 \end{pmatrix}, \quad B_1 = \begin{pmatrix} 0 \\ 1 \end{pmatrix}, \quad B_2 = 0 \tag{3-21}$$

$$\dot{N} = -\frac{8}{3}N + x_1 x_2 \tag{3-22}$$

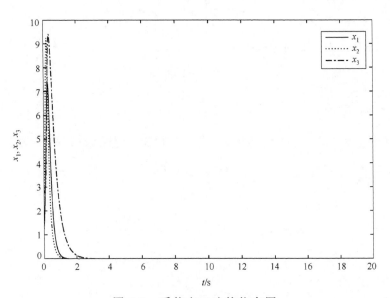

图 3.1　系统 (3-16) 的状态图

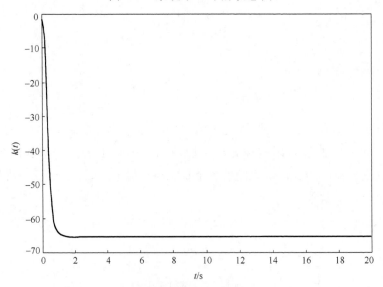

图 3.2　动态反馈增益渐近收敛到一个合适的常数

注意到系统 (3-22) 满足 $\dot{N} = -8N/3$ 渐近稳定，设计的控制器为

$$u = K(N)x = (N-28,\ 0)x = (N-28)x_1 \tag{3-23}$$

　　下面进行数值仿真，选择受控的 Lorenz 混沌系统 (3-16) 的初始值为 $x(0) = [-3,\ 4,\ 6]$，动态反馈增益 $k(t)$ 的初值为 $k(0) = -1$，仿真结果如图 3.3 和图 3.4 所示。从图 3.3 可看出 Lorenz 系统的各个状态渐近稳定。图 3.4 显示了动态反馈增益收敛到一个合适的常数。

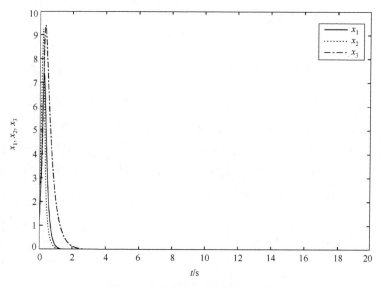

图 3.3　系统 (3-16) 的状态图

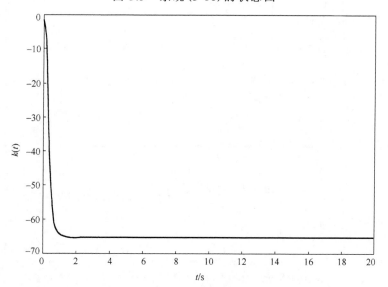

图 3.4　动态反馈增益渐近收敛到一个合适的常数

接下来研究系统 (3-13) 的镇定。注意到结构限制条件 (3-4) 满足，根据定理 3.1，所设计的控制器由式 (3-6)～式 (3-8) 给出，滤波器选择为

$$G_f = \frac{1}{\tau s + 1}, \quad \tau = 0.001$$

因此，受控的 Lorenz 混沌系统为

$$\begin{aligned}
\dot{x}_1 &= 10(x_2 - x_1) \\
\dot{x}_2 &= 28x_1 - x_2 - x_1x_3 + 0.3x_1x_2 + 10 + kx_2 + u_{\text{UDE}} \\
\dot{x}_3 &= -\frac{8}{3}x_3 + x_1x_2
\end{aligned} \tag{3-24}$$

下面进行数值仿真，选择受控的 Lorenz 混沌系统 (3-24) 的初始值为 $x(0) = [-3, 4, 6]$，动态反馈增益 $k(t)$ 的初值为 $k(0) = -1$，仿真结果如图 3.5～图 3.7 所示。从图 3.5 可以看出 Lorenz 系统的各个状态渐近稳定，图 3.6 显示了动态反馈增益收敛到一个合适的常数，图 3.7 显示了 $\hat{u}_d$ 渐近收敛到 u_d。

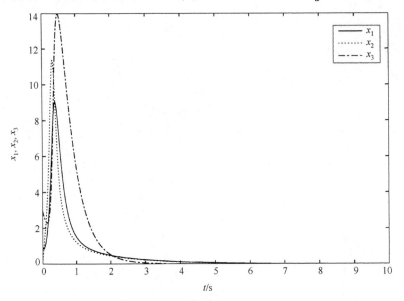

图 3.5　系统 (3-24) 的状态图

如果给定如下的 u_d

$$\Delta f(x) = \begin{pmatrix} 0 \\ x_1^2 x_2 \\ 0 \end{pmatrix}, \quad d(t) = \begin{pmatrix} 0 \\ 10\cos(t) \\ 0 \end{pmatrix}$$

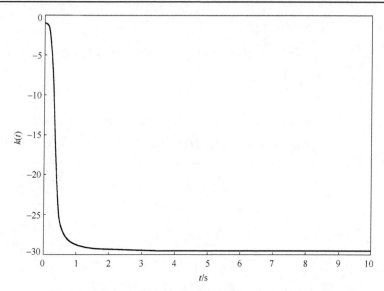

图 3.6　动态反馈增益渐近收敛到一个合适的常数

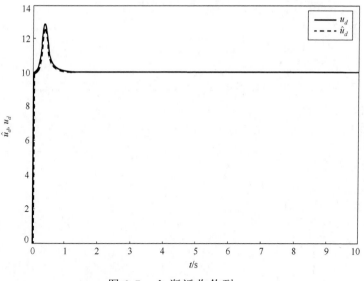

图 3.7　$\hat{u}_d$ 渐近收敛到 u_d

注意到结构限制条件 (3-4) 满足，根据定理 3.1，所设计的控制器由式 (3-6)～式 (3-8) 给出，滤波器选择

$$G_f(s) = \frac{a_1 s + (a_2 - w_0^2)}{s^2 + a_1 s + a_2}, \quad w_0 = 4\pi, \quad a_1 = 10 w_0, \quad a_2 = 100 w_0^2$$

即此时受控的 Lorenz 混沌系统为

$$\dot{x}_1 = 10(x_2 - x_1)$$

$$\dot{x}_2 = 28x_1 - x_2 - x_1x_3 + x_1^2x_2 + 10\cos(t) + kx_2 + u_{\text{UDE}} \tag{3-25}$$

$$\dot{x}_3 = -\frac{8}{3}x_3 + x_1x_2$$

下面进行数值仿真，选择受控的 Lorenz 混沌系统 (3-25) 的初始值为 $x(0) = [-3,\ 4,\ 6]$，动态反馈增益 $k(t)$ 的初值为 $k(0) = -1$，仿真结果如图 3.8～图 3.10

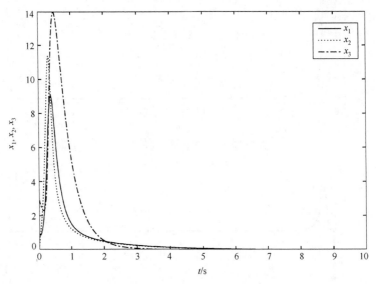

图 3.8　系统 (3-25) 的状态图

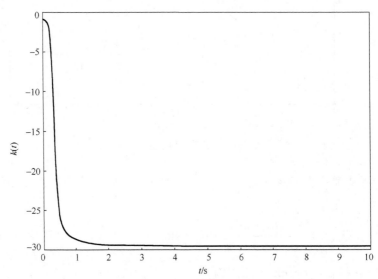

图 3.9　动态反馈增益渐近收敛到一个合适的常数

所示。从图 3.8 可看出 Lorenz 系统的各个状态渐近稳定。图 3.9 显示了动态反
馈增益收敛到一个合适的常数。图 3.10 显示了 $\hat{u}_d$ 渐近收敛到 u_d。

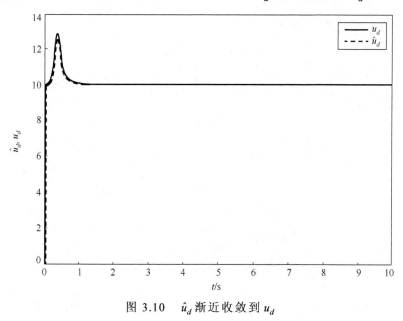

图 3.10　$\hat{u}_d$ 渐近收敛到 u_d

3.3　复混沌系统的镇定问题

目前关于复混沌系统的镇定虽然已经有很多结果，但是正如前面指出
的，已有的结果还存在一些没有完全解决的问题，比如如何解决含有模型
不确定性和外部扰动的复混沌系统的鲁棒镇定问题，还有如何直接研究复
混沌系统的镇定问题。目前大部分结果都是采用如下方式，首先将复混沌
系统转化成相应的实混沌系统，然后用实混沌中已有的结果来研究转化后
的实混沌系统的镇定问题，但转化时没有给出一个一般公式，还处于具体
问题具体分析的阶段，非常缺乏一个系统的方法来解决这一问题。本节将
彻底地解决该问题，具体步骤是，首先给出了一个系统的方法将一个受控
复混沌系统转化成相应的受控实混沌系统，然后基于得到的受控实混沌系
统设计相应的控制器，最后根据复混沌系统和实混沌系统的对应关系，得
到复混沌系统相应的控制器。

3.3.1　理论结果

考虑如下的受控复混沌系统

$$\dot{z} = f(z) + \Delta f(z) + d(t) + bu \tag{3-26}$$

其中，$z \in \mathbf{C}^n$ 是系统状态变量，$f(z) \in \mathbf{C}^n$，$\Delta f(z) \in \mathbf{C}^n$，$d(t) \in \mathbf{R}^n$，$b \in \mathbf{R}^{n \times r}$，$u \in \mathbf{C}^r$，即

$$z = \begin{pmatrix} z_1 \\ z_2 \\ \vdots \\ z_n \end{pmatrix}, \quad f(z) = \begin{pmatrix} f_1(z) \\ f_2(z) \\ \vdots \\ f_n(z) \end{pmatrix}, \quad \Delta f(z) = \begin{pmatrix} \Delta f_1(z) \\ \Delta f_2(z) \\ \vdots \\ \Delta f_n(z) \end{pmatrix} \tag{3-27}$$

$$d(t) = \begin{pmatrix} d_1(t) \\ d_2(t) \\ \vdots \\ d_n(t) \end{pmatrix}, \quad b = \begin{pmatrix} b_{11} & \cdots & b_{1r} \\ \vdots & & \vdots \\ a_{n1} & \cdots & b_{nr} \end{pmatrix}, \quad u = \begin{pmatrix} u_1 \\ u_2 \\ \vdots \\ u_r \end{pmatrix} \tag{3-28}$$

假设 $(f(z), b)$ 可控，令 $u_d = \Delta f(z) + d(t)$，且满足如下的结构限制条件

$$[I_n - bb^+]u_d \equiv 0 \tag{3-29}$$

其中，I_n 是 n 阶单位矩阵，$b^+ = (b^{\mathrm{T}}b)^{-1}b^{\mathrm{T}}$。

令 $z_j = x_{2j-1} + ix_{2j}$，$j = 1, 2, \cdots, n$，其中，$i^2 = -1$，则可到如下的实系统

$$\dot{x} = F(x) + \Delta F(x) + D(t) + BU \tag{3-30}$$

其中，$x \in \mathbf{R}^{2n}$ 是系统状态变量，$F(x) \in \mathbf{R}^{2n}$，$\Delta F(x) \in \mathbf{R}^{2n}$，$D(t) \in \mathbf{R}^{2n}$，$B \in \mathbf{R}^{2n \times 2r}$，$U \in \mathbf{R}^{2r}$，即

$$x = \begin{pmatrix} x_1 \\ x_2 \\ \vdots \\ x_{2n-1} \\ x_{2n} \end{pmatrix}, \quad F(x) = \begin{pmatrix} \mathrm{Re}(f_1(z)) \\ \mathrm{Im}(f_1(z)) \\ \vdots \\ \mathrm{Re}(f_n(z)) \\ \mathrm{Im}(f_n(z)) \end{pmatrix}, \quad \Delta F(x) = \begin{pmatrix} \mathrm{Re}(\Delta f_1(z)) \\ \mathrm{Im}(\Delta f_1(z)) \\ \vdots \\ \mathrm{Re}(\Delta f_n(z)) \\ \mathrm{Im}(\Delta f_n(z)) \end{pmatrix} \tag{3-31}$$

$$D(t) = d(t) \ltimes \delta_2^1 = \begin{pmatrix} d_1(t) \\ 0 \\ \vdots \\ d_n(t) \\ 0 \end{pmatrix}, \quad \delta_2^1 = \begin{pmatrix} 1 \\ 0 \end{pmatrix} \tag{3-32}$$

$$B = b \otimes I_2 = \begin{pmatrix} b_{11}I_2 & \cdots & b_{1r}I_2 \\ \vdots & & \vdots \\ b_{n1}I_2 & \cdots & b_{nr}I_2 \end{pmatrix}, \quad I_2 = \begin{pmatrix} 1 & 0 \\ 0 & 1 \end{pmatrix}, \quad U = \begin{pmatrix} U_1 \\ U_2 \\ \vdots \\ U_{2r-1} \\ U_{2r} \end{pmatrix} = \begin{pmatrix} \mathrm{Re}(u_1) \\ \mathrm{Im}(u_1) \\ \vdots \\ \mathrm{Re}(u_r) \\ \mathrm{Im}(u_r) \end{pmatrix} \quad (3\text{-}33)$$

$\mathrm{Re}(z)$ 和 $\mathrm{Im}(z)$ 分别表示复变量 z 的实部和虚部，$\otimes$ 表示矩阵的 Kronecker 积，$\ltimes$ 表示矩阵半张量积。$(F(x), B)$ 可控，令 $U_d = \Delta F(x) + D(t)$，且满足如下的结构限制条件

$$[I_{2n} - BB^+]U_d \equiv 0 \quad (3\text{-}34)$$

其中，I_{2n} 是 $2n$ 阶单位矩阵，$B^+ = (B^T B)^{-1} B^T$。

系统 (3-26) 与系统 (3-30) 等价，因此，研究复系统 (3-26) 的镇定就是研究实系统 (3-30) 的镇定。

根据 $u = (1, i) \ltimes U$，可得到系统 (3-26) 的控制器，其中

$$u = (1, i) \ltimes U = \begin{pmatrix} U_1 + iU_2 \\ U_3 + iU_4 \\ \vdots \\ U_{2r-1} + iU_{2r} \end{pmatrix} \quad (3\text{-}35)$$

注 3.3　如果存在某些 $z_l \in \mathbf{R}$，$1 \leqslant l \leqslant n$，则 $x_{2l-1} = x_{2l}$。总之，可将 n 维的复混沌系统转化成 $2n$ 维的实系统。

特别地，如果 $f(z)$ 具有特殊形式，则相应的转化将更加简单。

考虑如下的复混沌系统

$$\begin{pmatrix} \dot{z} \\ \dot{w} \end{pmatrix} = \begin{pmatrix} A(w)z + H(i)w \\ N(w, z, \bar{z}) \end{pmatrix} + \Delta f(z) + d(t) + bu \quad (3\text{-}36)$$

其中，$z \in \mathbf{C}^m$，$w \in \mathbf{R}^{n-m}$ 是系统状态变量，$m \geqslant 1$，$\bar{z}$ 表示 z 的共轭，$A(w) \in \mathbf{R}^{m \times m}$，$H(i) \in \mathbf{R}^{m \times (n-m)}$ 是一个复常数矩阵，$N(w, z, \bar{z}) \in \mathbf{R}^{n-m}$，$b \in \mathbf{R}^{n \times r}$，$u \in \mathbf{C}^r$，即

$$z = \begin{pmatrix} z_1 \\ z_2 \\ \vdots \\ z_m \end{pmatrix}, \quad w = \begin{pmatrix} w_{m+1} \\ w_{m+2} \\ \vdots \\ w_n \end{pmatrix}, \quad H(i) = \begin{pmatrix} h_1(i) \\ h_2(i) \\ \vdots \\ h_m(i) \end{pmatrix}, \quad h_j(i) \in z^{n-m}, \quad j = 1, 2, \cdots, m \quad (3\text{-}37)$$

$$b = \begin{pmatrix} b_1 & 0 \\ 0 & b_2 \end{pmatrix}, \quad b_1 \in \mathbf{R}^{m \times s}, \quad b_2 \in \mathbf{R}^{(n-m) \times (r-s)}, \quad 1 \le s \le r \qquad (3\text{-}38)$$

$$u = \begin{pmatrix} u_1 \\ u_2 \\ \vdots \\ u_r \end{pmatrix} = \begin{pmatrix} u_z \\ u_w \end{pmatrix}, \quad u_z \in z^k, \quad u_w \in \mathbf{R}^{r-k}, \quad 1 \le k \le r \qquad (3\text{-}39)$$

$\Delta f(z) \in \mathbf{C}^n$，$d(t) \in \mathbf{R}^n$ 分别见式 (3-27) 和式 (3-28)。

令 $z_j = y_{2j-1} + \mathrm{i} y_{2j}$，$j = 1, 2, \cdots, m$，其中，$\mathrm{i}^2 = -1$，$y_{2m+k} = w_{m+k}$，$1 \le k \le n-m$，则得到如下的实系统

$$\dot{y} = F(y) + \Delta F(y) + D(t) + BU \qquad (3\text{-}40)$$

其中，$y = (x, w)^{\mathrm{T}}$ 是系统状态变量，$x \in \mathbf{R}^{2m}$，$w \in \mathbf{R}^{n-m}$，即

$$y = \begin{pmatrix} y_1 \\ y_2 \\ \vdots \\ y_{m+n} \end{pmatrix}, \quad F(y) = \begin{pmatrix} F_1(y) \\ F_2(y) \\ \vdots \\ F_{m+n}(y) \end{pmatrix}, \quad \begin{pmatrix} F_1(y) \\ F_2(y) \\ \vdots \\ F_{2m}(y) \end{pmatrix} = (A^*(w)x + H^*w) \qquad (3\text{-}41)$$

$$A^*(w) = A(w) \otimes I_2, \quad H^*(\mathrm{i}) = \begin{pmatrix} \mathrm{Re}(h_1(\mathrm{i})) \\ \mathrm{Im}(h_1(\mathrm{i})) \\ \vdots \\ \mathrm{Re}(h_m(\mathrm{i})) \\ \mathrm{Im}(h_m(\mathrm{i})) \end{pmatrix} \qquad (3\text{-}42)$$

$$B = \begin{pmatrix} B_1 & 0 \\ 0 & b_2 \end{pmatrix}, \quad B_1 = b_1 \otimes I_2 = \begin{pmatrix} b_{11}I_2 & \cdots & b_{1s}I_2 \\ \vdots & & \vdots \\ a_{m1}I_2 & \cdots & b_{ms}I_2 \end{pmatrix} \qquad (3\text{-}43)$$

$$U = \begin{pmatrix} U_1 \\ U_2 \end{pmatrix}, \quad U_1 = \begin{pmatrix} \mathrm{Re}(u_z) \\ \mathrm{Im}(u_z) \end{pmatrix}, \quad U_2 = u_w \qquad (3\text{-}44)$$

$$\Delta F(y) = \begin{pmatrix} \mathrm{Re}(\Delta f_1(z)) \\ \mathrm{Im}(\Delta f_1(z)) \\ \vdots \\ \mathrm{Re}(\Delta f_{m+n-1}(z)) \\ \mathrm{Im}(\Delta f_{m+n-1}(z)) \\ \Delta f_{m+n}(z) \end{pmatrix}, \quad D(t) = \begin{pmatrix} d_z \\ d_w \end{pmatrix} = \begin{pmatrix} d(t) \ltimes \delta_2^1 \\ d_w \end{pmatrix} = \begin{pmatrix} d_1(t) \\ 0 \\ \vdots \\ d_m(t) \\ 0 \\ d_w \end{pmatrix}, \quad \delta_2^1 = \begin{pmatrix} 1 \\ 0 \end{pmatrix} \qquad (3\text{-}45)$$

3.3.2 数值例子及仿真

例 3.2 考虑如下的受控复 Lorenz 系统

$$\begin{pmatrix}\dot{z}\\\dot{w}\end{pmatrix}=f(z,w)+\Delta f(z)+d(t)+bu \tag{3-46}$$

其中，$z\in\mathbf{C}^2$，$w\in\mathbf{R}$ 是系统状态变量，$N(w,z,\overline{z})\in\mathbf{R}$，$b\in\mathbf{R}^{3\times1}$，$u\in\mathbf{C}^1$，即

$$f(z,w)=\begin{pmatrix}A(w)z\\N(w,z,\overline{z})\end{pmatrix},\quad z=\begin{pmatrix}z_1\\z_2\end{pmatrix},\quad w=w_3 \tag{3-47}$$

$$A(w)=\begin{pmatrix}-10&10\\110-w_3&-1\end{pmatrix},\quad N(w,z,\overline{z})=-2w_3+(\overline{z}_1z_2-z_1\overline{z}_2) \tag{3-48}$$

$$\Delta f(z)=\begin{pmatrix}0\\z_1\overline{z}_2\\0\end{pmatrix},\quad d(t)=\begin{pmatrix}0\\20\sin(2t)\\0\end{pmatrix},\quad b=\begin{pmatrix}0\\1\\0\end{pmatrix} \tag{3-49}$$

容易验证 $(f(z,w),b)$ 可镇定，且满足结构限制条件 (3-29)。

令 $z_j=y_{2j-1}+\mathrm{i}y_{2j}$，$j=1,2$，$\mathrm{i}^2=-1$，$y_5=w_3$，则得到如下的实系统

$$\dot{y}=F(y)+\Delta F(y)+D(t)+BU \tag{3-50}$$

其中，$y=(x,w)^{\mathrm{T}}$ 是系统状态变量，$x\in\mathbf{R}^4$，$w\in\mathbf{R}$，即

$$y=\begin{pmatrix}y_1\\y_2\\y_3\\y_4\\y_5\end{pmatrix},\quad F(y)=\begin{pmatrix}F_1(y)\\F_2(y)\\F_3(y)\\F_4(y)\\F_5(y)\end{pmatrix},\quad\begin{pmatrix}F_1(y)\\F_2(y)\\F_3(y)\\F_4(y)\end{pmatrix}=A^*(w)x \tag{3-51}$$

$$A^*(w)=A(w)\otimes I_2=\begin{pmatrix}-10&10\\110-y_5&-1\end{pmatrix}\otimes I_2=\begin{pmatrix}-10&0&10&0\\0&-10&0&10\\110-y_5&0&-1&0\\0&110-y_5&0&-1\end{pmatrix} \tag{3-52}$$

$$B=\begin{pmatrix}B_1&0\\0&b_2\end{pmatrix},\quad B_1=b_1\otimes I_2=\begin{pmatrix}0\\1\end{pmatrix}\otimes I_2=\begin{pmatrix}0&0\\0&0\\1&0\\0&1\end{pmatrix},\quad b_2=0 \tag{3-53}$$

$$U = \begin{pmatrix} U_1 \\ U_2 \end{pmatrix}, \quad U_1 = \begin{pmatrix} \mathrm{Re}(u_z) \\ \mathrm{Im}(u_z) \end{pmatrix}, \quad U_2 = u_w \tag{3-54}$$

$$\Delta F(y) = \begin{pmatrix} 0 \\ 0 \\ y_1 y_3 + y_2 y_4 \\ y_2 y_3 - y_1 y_4 \\ 0 \end{pmatrix}, \quad D(t) = \begin{pmatrix} d_z \\ d_w \end{pmatrix} = \begin{pmatrix} d(t) \ltimes \delta_2^1 \\ d_w \end{pmatrix} = \begin{pmatrix} 0 \\ 0 \\ 20\sin(2t) \\ 0 \\ 0 \end{pmatrix} \tag{3-55}$$

容易验证 $(F(y), B)$ 可镇定，且满足结构限制条件

$$[I_5 - BB^+]U_d \equiv 0 \tag{3-56}$$

其中，I_5 是 5 阶单位矩阵，$B^+ = (B^{\mathrm{T}} B)^{-1} B^{\mathrm{T}}$。

因此，根据定理 3.1，则设计的控制器 U 为

$$U = U_s + U_{\mathrm{UDE}} \tag{3-57}$$

其中

$$U_s = K(t)y(t) = k(t)B^{\mathrm{T}} y(t) \tag{3-58}$$

$$U_{\mathrm{UDE}} = B^+ \left\{ \ell^{-1}\left[\frac{G_f(s)}{1 - G_f(s)}\right] * H(y) - \ell^{-1}\left[\frac{sG_f(s)}{1 - G_f(s)}\right] * y(t) \right\} \tag{3-59}$$

$H(y) = F(y) + BU_s = F(y) + k(t)BB^{\mathrm{T}} y(t)$，$B^+ = (B^{\mathrm{T}} B)^{-1} B^{\mathrm{T}}$，$G_f(s) = \ell[g_f(t)]$，$\ell$ 表示 Laplace 变换，ℓ^{-1} 表示 Laplace 逆变换，$*$ 表示卷积，且动态反馈增益满足如下的更新率

$$\dot{k}(t) = -\|y(t)\|^2 \tag{3-60}$$

再根据 $u = (1, \mathrm{i}) \ltimes U$ 可得到原系统 (3-46) 的控制器。

下面进行数值仿真，选择系统 (3-50) 的初值为 $y_0 = [1, \ 2, \ 3, \ -4, \ -5]^{\mathrm{T}}$，动态反馈增益的初值为 $k(0) = -1$。应用 Simulink 得到图 3.11～图 3.13。从图 3.11 可看出复 Lorenz 系统的各个状态渐近稳定。图 3.12 显示了动态反馈增益收敛到一个合适的常数。图 3.13 显示了 $\hat{u}_d$ 渐近收敛到 u_d。

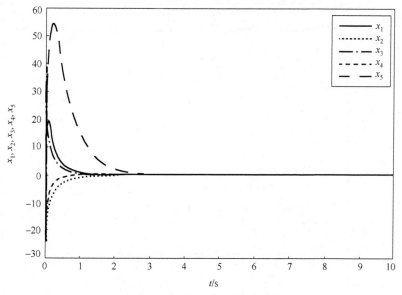

图 3.11 系统 (3-50) 的状态图

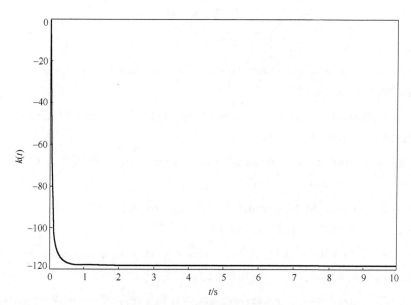

图 3.12 动态反馈增益渐近收敛到一个合适的常数

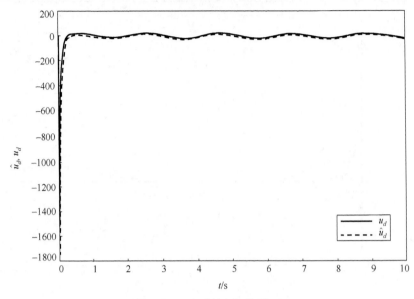

图 3.13　$\hat{u}_d$ 渐近收敛到 u_d

参 考 文 献

[1]　Lorenz E. N. Deterministic non-periodic flow. Journal of the Atmospheric Science, 1963, 20(2): 130-141.

[2]　Ott E, Gerbogi C, Yorke J A. Controlling chaos. Physical Review Letters, 1990, 66(11): 1196-1199.

[3]　Pecora L, Carroll T. Synchronization in chaotic systems. Physical Review Letters, 1990, 64(8): 821-824.

[4]　Ren H P, Baptista M S, Grebogi C. Wireless communication with chaos. Physical Review Letters, 2013, 110(18): 184101.

[5]　Bhatnagar G, Jonathan Q M. A novel chaos based secure transmission of biometric data. Neurocomputing, 2015, 147: 444-455.

[6]　Voorsluijs V, Decker Y D. Emergence of chaos in a spatially confined reactive system. Physica D: Nonlinear Phenomena, 2016, 335: 1-9.

[7]　Liu Z, Wu C, Wang J, et al. Color image encryption using dynamic DNA and 4-D memristive hyper-chaos. IEEE Access, 2019, 7: 78367-78378.

[8]　Auerbach D, Grebogi C, Ott E, et al. Controlling chaos in high dimensional systems. Physical Review Letters, 1992, 69(24): 3479-3482.

[9]　Liu L X, Guo R W. Control problems of Chen-Lee system by adaptive control method. Nonlinear Dynamics, 2017, 87(1): 503-510.

[10] Ye J, Yang J, Xie D, Huang B, et al. Strong robust and optimal chaos control for permanent magnet linear synchronous motor. IEEE Access, 2019, 7: 57907-57916.

[11] Guo R W. A simple adaptive controller for chaos and hyperchaos synchronization. Physics Letters A, 2008, 372(34): 5593-5597.

[12] Ren L, Guo R W. A necessary and sufficient condition of anti-synchronization for chaotic systems and its applications. Mathematical Problems in Engineering, 2015, 434651: 1-7.

[13] Yau H T. Synchronization and anti-synchronization coexist in two-degree-of-freedom dissipative gyroscope with nonlinear inputs. Nonlinear Analysis: Real World Applications, 2008, 9(5): 2253-2261.

[14] Guo R W. Simultaneous synchronization and anti-synchronization of two identical new 4D chaotic systems. Chinese Physics Letters, 2011, 28: 040205.

[15] Guo R W. Projective synchronization of a class of chaotic systems by dynamic feedback control method. Nonlinear Dynamics, 2017, 90(1): 53-64.

[16] Zhu L, Chen Z. Robust input-to-output stabilization of nonlinear systems with a specified gain. Automatica, 2017, 84(10): 199-204.

[17] Casau P, Mayhew C G, Sanfelice R G, et al. Robust global exponential stabilization on the n-dimensional sphere with applications to trajectory tracking for quadrotors. Automatica, 2019, 110(12): 108534.

[18] Ren B, Zhong Q, Chen J. Robust control for a class of nonaffine nonlinear systems based on the uncertainty and disturbance estimator. IEEE Transactions on Industrial Electronics, 2015, 62(9): 5881-5888.

[19] Rauh A, Hannibal L, Abraham N B. Global stability properties of the complex Lorenz model. Physica D: Nonlinear Phenomena, 1996, 99(1): 45-58.

第 4 章　混沌系统的同步

4.1　引　　言

很多学者从不同的角度来研究混沌系统的同步问题，从两个相同系统的同步问题推广到两个不同系统的同步问题，甚至是两个不同维数的混沌系统之间的同步问题[1-16]。但是，不同系统的同步问题，特别是不同维数的混沌系统同步仅仅在数学上是正确的，在实际中没有利用价值。一个非常重要的原因是要实现两个不同系统的同步，所设计的控制器是非常复杂的，在实际中是不可能设计出的，即所设计的控制器是物理上不可实现。同步问题第一次提出时就是研究初值不同的两个相同的混沌系统在控制器的作用下达到了完全同步。在实现两个相同的混沌系统的同步问题中，很多方法可以使用，比如线性反馈控制方法、自适应反馈控制方法、动态增益反馈控制方法等[17-23]。本章将重点应用动态反馈控制方法来实现两个相同系统的控制。本章的方法也可推广到复混沌系统的同步问题中，在这里不再赘述。

4.2　混沌系统的同步问题

4.2.1　预备知识

考虑如下的混沌系统

$$\dot{x} = f(x) \tag{4-1}$$

其中，$x \in \mathbf{R}^n$ 是系统状态变量，$f(x) = [f_1(x), f_2(x), \cdots, f_n(x)]^T$ 是连续的向量函数。

设系统 (4-1) 是主系统，则相应的从系统为

$$\dot{y} = f(y) + Bu \tag{4-2}$$

其中，$y \in \mathbf{R}^n$ 是系统状态变量，$f(y) = [f_1(y), f_2(y), \cdots, f_n(y)]^T$ 是连续的向量函数，$B \in \mathbf{R}^{n \times r}$ 是常矩阵，$r \geqslant 1$，$u \in \mathbf{R}^r$ 是待设计的控制器。

再令 $e = y - x$，则误差系统为

$$\dot{e} = f(y) - f(x) + Bu \tag{4-3}$$

下面给出混沌系统同步的定义。

定义 4.1　考虑误差系统 (4-3)。如果 $\lim\limits_{t \to \infty} \|e(t)\| = 0$，则称主系统 (4-1) 与从系统 (4-2) 达到了同步。

注 4.1　对于两个相同系统的同步问题，$e = y - x = 0$ 显然是如下误差系统

$$\dot{e} = f(y) - f(x) \tag{4-4}$$

的平衡点。而两个不同系统之间的同步，比如主系统仍然是系统 (4-1)，从系统是 $\dot{y} = g(y)$，误差系统为

$$\dot{e} = g(y) - f(x) \tag{4-5}$$

$e = 0$ 一定不是误差系统 (4-5) 的平衡点。在目前已存在的许多结果中，设计控制器 u 使得

$$Bu = -g(y) + f(x) + Me \tag{4-6}$$

其中，M 是一个 Huiwitz 矩阵。这样的控制器是非常复杂的，也许在数学上是正确的，但是在实际中几乎没有任何意义。一个非常重要的原因是实际中控制系统的控制通道往往比较少，经常是单输入的，即 $B \in \mathbf{R}^{n \times 1}$，因此条件 (4-6) 是不可能满足的。

为了设计形式上简单而且物理上可实现的控制器，应用动态增益反馈控制方法，即定理 2.2。

4.2.2　理论结果

本节研究混沌系统 (4-1) 的同步问题，即如何设计形式上简单而且物理可实现的控制器来实现其同步问题。

根据定理 2.2，得到如下的结论。

定理 4.1　考虑误差系统 (4-3)，如果 $(f(y) - f(x), B)$ 是可镇定的，则设计的动态增益反馈控制器为

$$u = Ke \tag{4-7}$$

其中，$K = k(t)B^{\mathrm{T}}$，且反馈增益 $k(t)$ 更新率为

$$\dot{k}(t) = -\| e(t) \|^2 \tag{4-8}$$

证明：主系统(4-1)和从系统(4-2)同步等价于误差系统(4-3)镇定，又注意到 $(f(y) - f(x), B)$ 是可镇定的，因此根据定理 2.2，定理的结论成立。证毕。

对于一些特殊的混沌系统，得到如下的结论。

推论 4.1　考虑混沌误差系统(4-3)。如果存在一个非奇异线性变换 $z = TE$ 将系统(4-3)转化成如下的系统

$$\dot{z} = F(z) = \begin{pmatrix} M(q)p \\ N(p)q \end{pmatrix} \tag{4-9}$$

其中，$M(q) \in \mathbf{R}^{s \times s}$，$s \geq 1$，$p = [z_1, z_2, \cdots, z_s]^{\mathrm{T}}$，$q = [z_{s+1}, z_{s+2}, \cdots, z_n]^{\mathrm{T}}$，$N(p) \in \mathbf{R}^{(n-s) \times (n-s)}$，$M(-q) = M(q)$，$N(-p) = N(p)$，且

$$\left(\begin{pmatrix} M(p) \\ N(q) \end{pmatrix}, B \right)$$

可控，则设计的动态增益反馈控制器为

$$u = Kz \tag{4-10}$$

其中，$K = k(t)B^{\mathrm{T}}$，且反馈增益 $k(t)$ 更新率为

$$\dot{k}(t) = -\| z(t) \|^2 \tag{4-11}$$

注 4.2　特别地，如果误差系统满足

$$\dot{q} = N(0)q \tag{4-12}$$

渐近稳定，则设计的动态增益反馈控制器为

$$u = Kz \tag{4-13}$$

其中，$K = k(t)B^{\mathrm{T}}$，且反馈增益 $k(t)$ 更新率为

$$\dot{k}(t) = -\| p(t) \|^2 \tag{4-14}$$

4.2.3　数值例子及仿真

例 4.1　考虑 Chua 混沌系统

$$\dot{x} = f(x) \tag{4-15}$$

其中

$$x = \begin{pmatrix} x_1 \\ x_2 \\ x_3 \end{pmatrix}, \quad f(x) = \begin{pmatrix} f_1(x) \\ f_2(x) \\ f_3(x) \end{pmatrix} = \begin{pmatrix} 10\left(x_2 - \dfrac{1}{7}(2x_1^3 - x_1)\right) \\ x_1 - x_2 + x_3 \\ -100x_2 / 7 \end{pmatrix}$$

设系统 (4-15) 为主系统，则相应的受控从系统为

$$\dot{y} = f(y) + Bu \tag{4-16}$$

其中

$$y = \begin{pmatrix} y_1 \\ y_2 \\ y_3 \end{pmatrix}, \quad f(y) = \begin{pmatrix} 10\left(y_2 - \dfrac{1}{7}(2y_1^3 - y_1)\right) \\ y_1 - y_2 + y_3 \\ -100y_2 / 7 \end{pmatrix}, \quad B = \begin{pmatrix} 1 \\ 0 \\ 0 \end{pmatrix} \tag{4-17}$$

u 是待设计的控制器。

再令 $e = y - x$，则误差系统为

$$\dot{e} = G(x,e) + Bu \tag{4-18}$$

其中

$$e = \begin{pmatrix} e_1 \\ e_2 \\ e_3 \end{pmatrix}, \quad G(x,e) = \begin{pmatrix} 10\left(e_2 - \dfrac{1}{7}(2e_1(e_1^2 - 2x_1e_1) - e_1)\right) \\ e_1 - e_2 + e_3 \\ -100e_2 / 7 \end{pmatrix} \tag{4-19}$$

B 见式 (4-17)。

注意到，如果 $e_1 = 0$，则下面的二维系统

$$\begin{aligned} \dot{e}_2 &= -e_2 + e_3 \\ \dot{e}_3 &= -100e_2 / 7 \end{aligned} \tag{4-20}$$

是渐近稳定的。

因此，$(G(x,e), B)$ 可镇定。根据定理 4.1，设计的控制器为

$$u = k(t)B^{\mathrm{T}}e = k(t)(1, \ 0, \ 0)e = k(t)e_1 \tag{4-21}$$

将控制器 (4-21) 给出的控制器 u 代入误差系统 (4-18)，得到如下的系统

$$\dot{e}_1 = 10\left(e_2 - \frac{1}{7}(2e_1(e_1^2 - 2x_1e_1) - e_1)\right) + k(t)e_1$$
$$\dot{e}_2 = e_1 - e_2 + e_3 \tag{4-22}$$
$$\dot{e}_3 = -100e_2/7$$

其中，$\dot{k}(t) = -\|e\|^2$。

　　下面进行数值仿真，选择主系统 (4-15) 的初值为 $x(0) = [3,\ -4,\ 5]$，从系统 (4-16) 的初值为 $y(0) = [1,\ 2,\ -3]$，反馈增益的初值为 $k(0) = -1$。图 4.1 显示了在上述控制器下，误差系统渐近稳定，即主从系统达到了同步。图 4.2 分别显示了主从系统的状态。图 4.3 显示了动态反馈增益收敛到一个合适的常数。

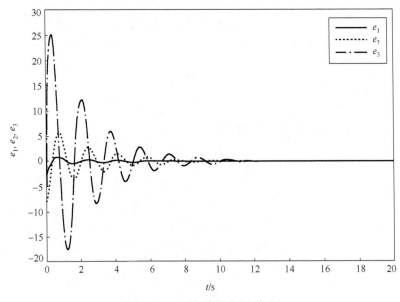

图 4.1　误差系统渐近稳定

例 4.2　考虑新 4D 超混沌系统

$$\dot{x} = f(x) \tag{4-23}$$

其中

$$x = \begin{pmatrix} x_1 \\ x_2 \\ x_3 \\ x_4 \end{pmatrix}, \quad f(x) = \begin{pmatrix} 35(x_2 - x_1) + x_2x_3x_4 \\ 10(x_1 + x_2) - x_1x_3x_4 \\ -x_3 + x_1x_2x_4 \\ -10x_4 + x_1x_2x_3 \end{pmatrix} \tag{4-24}$$

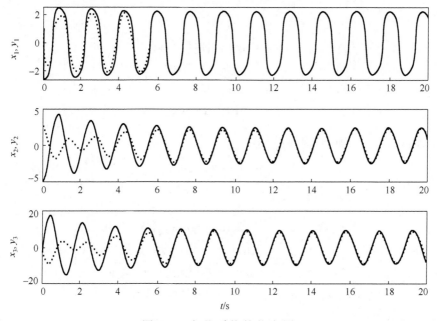

图 4.2　主从系统的状态图

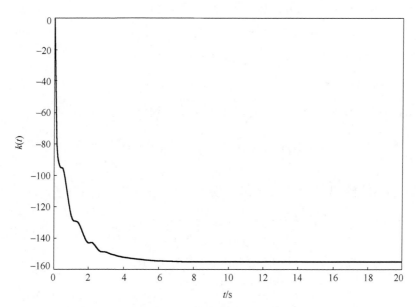

图 4.3　动态反馈增益收敛到一个合适的常数

设系统(4-23)为主系统，则相应的从系统为

$$\dot{y} = f(y) + Bu \qquad\qquad (4\text{-}25)$$

其中

$$y = \begin{pmatrix} y_1 \\ y_2 \\ y_3 \\ y_4 \end{pmatrix}, \quad f(y) = \begin{pmatrix} 35(y_2 - y_1) + y_2 y_3 y_4 \\ 10(y_1 + y_2) - y_1 y_3 y_4 \\ -y_3 + y_1 y_2 y_4 \\ -10 y_4 + y_1 y_2 y_3 \end{pmatrix}, \quad B = \begin{pmatrix} 0 & 0 \\ 1 & 0 \\ 0 & 1 \\ 0 & 0 \end{pmatrix} \tag{4-26}$$

再令 $e = y - x$，则误差系统为

$$\dot{e} = G(x,e) + Bu \tag{4-27}$$

其中

$$e = \begin{pmatrix} e_1 \\ e_2 \\ e_3 \\ e_4 \end{pmatrix}, \quad G(x,e) = \begin{pmatrix} 35(e_2 - e_1) + (y_2 y_3 y_4 - x_2 x_3 x_4) \\ 10(e_1 + e_2) - (y_1 y_3 y_4 - x_1 x_3 x_4) \\ -e_3 + (y_1 y_2 y_4 - x_1 x_2 x_4) \\ -10 e_4 + (y_1 y_2 y_3 - x_1 x_2 x_3) \end{pmatrix} \tag{4-28}$$

B 见式 (4-26)。

注意到，如果 $e_2 = e_3 = 0$，则下面的二维系统

$$\begin{aligned} \dot{e}_1 &= -e_2 + x_2 x_3 e_4 \\ \dot{e}_4 &= -10 e_4 \end{aligned} \tag{4-29}$$

是渐近稳定的。

因此，$(G(x,e),B)$ 可镇定。根据定理 4.1，设计的控制器为

$$u = k(t) B^{\mathrm{T}} e = k(t) \begin{pmatrix} 0 & 1 & 0 & 0 \\ 0 & 0 & 1 & 0 \end{pmatrix} e = k(t) \begin{pmatrix} e_2 \\ e_3 \end{pmatrix} \tag{4-30}$$

将控制器 (4-30) 给出的控制器 u 代入误差系统 (4-27)，得到如下的系统

$$\begin{aligned} \dot{e}_1 &= 35(e_2 - e_1) + (y_2 y_3 y_4 - x_2 x_3 x_4) \\ \dot{e}_2 &= 10(e_1 + e_2) - (y_1 y_3 y_4 - x_1 x_3 x_4) + k(t) e_2 \\ \dot{e}_3 &= -e_3 + (y_1 y_2 y_4 - x_1 x_2 x_4) + k(t) e_3 \\ \dot{e}_4 &= -10 e_4 + (y_1 y_2 y_3 - x_1 x_2 x_3) \end{aligned} \tag{4-31}$$

其中，$\dot{k}(t) = -\|e\|^2$。

下面进行数值仿真，选择主系统 (4-23) 的初值为 $x(0) = [-1,\ -2,\ 3,\ -4]$，从系统 (4-25) 的初值为 $y(0) = [8,\ -7,\ -6,\ -2]$，反馈增益的初值为 $k(0) = -1$。图 4.4 显示了在上述控制器下，误差系统渐近稳定，即主从系统达到了同步。

图 4.5 分别显示了主从系统的状态。图 4.6 显示了动态反馈增益收敛到一个合适的常数。

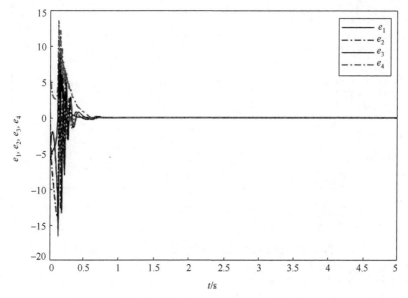

图 4.4　误差系统渐近稳定（见彩图）

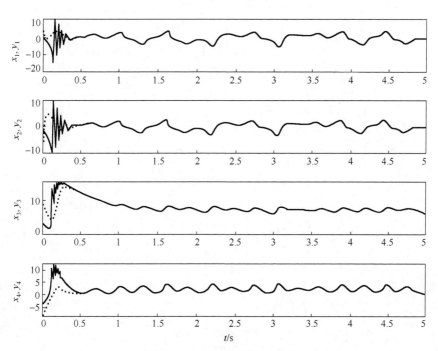

图 4.5　主从系统的状态图

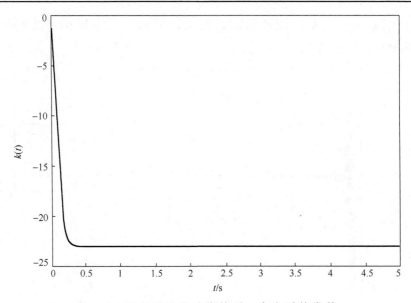

图 4.6　动态反馈增益收敛到一个合适的常数

例 4.3　考虑 BVP 混沌系统

$$\dot{x} = f(x) \tag{4-32}$$

其中

$$x = \begin{pmatrix} x_1 \\ x_2 \\ x_3 \end{pmatrix}, \quad f(x) = \begin{pmatrix} f_1(x) \\ f_2(x) \\ f_3(x) \end{pmatrix} = \begin{pmatrix} x_1 - x_3 + \tanh(x_1) \\ -1.2x_2 + x_3 \\ x_1 - x_2 \end{pmatrix} \tag{4-33}$$

设系统 (4-32) 为主系统，则相应的从系统为

$$\dot{y} = f(y) + Bu \tag{4-34}$$

其中

$$y = \begin{pmatrix} y_1 \\ y_2 \\ y_3 \end{pmatrix}, \quad f(y) = \begin{pmatrix} y_1 - y_3 + \tanh(y_1) \\ -1.2y_2 + y_3 \\ y_1 - y_2 \end{pmatrix}, \quad B = \begin{pmatrix} 1 \\ 0 \\ 0 \end{pmatrix} \tag{4-35}$$

u 是待设计的控制器。

再令 $e = y - x$，则误差系统为

$$\dot{e} = G(x,e) + Bu \tag{4-36}$$

其中

$$e = \begin{pmatrix} e_1 \\ e_2 \\ e_3 \end{pmatrix}, \quad G(x,e) = \begin{pmatrix} e_1 - e_3 + \tanh(x_1) + \tanh(e_1 + x_1) \\ -1.2e_2 + e_3 \\ e_1 - e_2 \end{pmatrix} \tag{4-37}$$

B 见式 (4-35)。

注意到，如果 $e_1 = 0$，则下面的二维系统

$$\begin{aligned} \dot{e}_2 &= -1.2e_2 + e_3 \\ \dot{e}_3 &= -e_2 \end{aligned} \tag{4-38}$$

是渐近稳定的。

因此，$(G(x,e), B)$ 可镇定。根据定理 4.1，设计的控制器为

$$u = k(t)B^{\mathrm{T}}e = k(t)(1,0,0)e = k(t)e_1 \tag{4-39}$$

将控制器 (4-39) 给出的控制器 u 代入误差系统 (4-36)，得到如下的系统

$$\begin{aligned} \dot{e}_1 &= e_1 - e_3 + \tanh(x_1) + \tanh(e_1 + x_1) + k(t)e_1 \\ \dot{e}_2 &= -1.2e_2 + e_3 \\ \dot{e}_3 &= e_1 - e_2 \end{aligned} \tag{4-40}$$

其中，$\dot{k}(t) = -\|e\|^2$。

下面进行数值仿真，选择主系统 (4-32) 的初值为 $x(0) = [3, -4, 5]$，从系统 (4-34) 的初值为 $y(0) = [1, 2, -3]$，反馈增益的初值为 $k(0) = -1$。图 4.7 显示了在上述控制器下，误差系统渐近稳定，即主从系统达到了同步。图 4.8 分别显示了主从系统的状态。图 4.9 显示了动态反馈增益收敛到一个合适的常数。

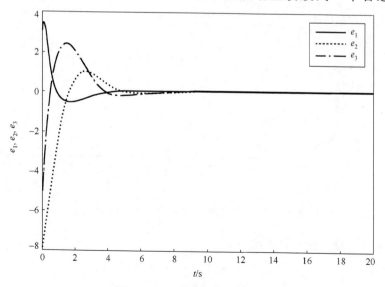

图 4.7　误差系统渐近稳定

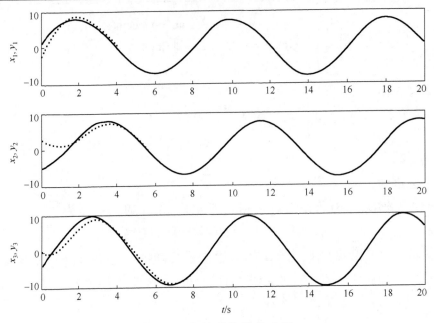

图 4.8   主从系统的状态图

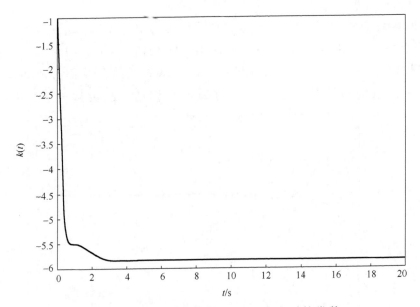

图 4.9   动态反馈增益收敛到一个合适的常数

例 4.4   考虑 Lorenz 系统方程

$$\dot{x} = f(x) \tag{4-41}$$

其中

$$x = \begin{pmatrix} x_1 \\ x_2 \\ x_3 \end{pmatrix}, \quad f(x) = \begin{pmatrix} f_1(x) \\ f_2(x) \\ f_3(x) \end{pmatrix} = \begin{pmatrix} 10(x_2 - x_1) \\ 28x_1 - x_2 - x_1 x_3 \\ -8x_3 / 3 + x_1 x_2 \end{pmatrix} \tag{4-42}$$

设系统(4-41)为主系统，则相应的从系统为

$$\dot{y} = f(y) + Bu \tag{4-43}$$

其中

$$y = \begin{pmatrix} y_1 \\ y_2 \\ y_3 \end{pmatrix}, \quad f(y) = \begin{pmatrix} 10(y_2 - y_1) \\ 28y_1 - y_2 - y_1 y_3 \\ -8y_3 / 3 + y_1 y_2 \end{pmatrix}, \quad B = \begin{pmatrix} 0 \\ 1 \\ 0 \end{pmatrix} \tag{4-44}$$

u 是待设计的控制器。

再令 $e = y - x$ ，则误差系统为

$$\dot{e} = G(x, e) + Bu \tag{4-45}$$

其中

$$e = \begin{pmatrix} e_1 \\ e_2 \\ e_3 \end{pmatrix}, \quad G(x, e) = \begin{pmatrix} 10(e_2 - e_1) \\ 28e_1 - e_2 - x_1 e_3 - x_3 e_1 - e_1 e_3 \\ -8e_3 / 3 + e_1 e_2 + x_1 e_2 + x_2 e_1 \end{pmatrix} \tag{4-46}$$

B 见式(4-44)。

注意到，如果 $e_2 = 0$ ，则下面的二维系统

$$\begin{aligned} \dot{e}_1 &= -10e_1 \\ \dot{e}_3 &= -8e_3 / 3 + x_2 e_1 \end{aligned} \tag{4-47}$$

是渐近稳定的。

因此， $(G(x, e), B)$ 可镇定。根据定理 4.1，设计的控制器为

$$u = k(t) B^{\mathrm{T}} e = k(t)(0, \ 1, \ 0)e = k(t)e_2 \tag{4-48}$$

将控制器(4-48)给出的控制器 u 代入误差系统(4-45)，得到如下的系统

$$\begin{aligned} \dot{e}_1 &= 10(e_2 - e_1) \\ \dot{e}_2 &= 28e_1 - e_2 - x_1 e_3 - x_3 e_1 - e_1 e_3 + k(t)e_2 \\ \dot{e}_3 &= -8e_3 / 3 + e_1 e_2 + x_1 e_2 + x_2 e_1 \end{aligned} \tag{4-49}$$

其中， $\dot{k}(t) = -\|e\|^2$ 。

下面进行数值仿真，选择主系统(4-41)的初值为 $x(0) = [3, \ -4, \ 5]$ ，从系

统（4-43）的初值为 $y(0)=[1,2,-3]$，反馈增益的初值为 $k(0)=-1$。应用 45 阶龙格库塔方法得到图 4.10～图 4.12。图 4.10 显示了误差系统渐近稳定，即主从系统在上述控制器作用下实现了同步。图 4.11 分别显示了主系统和从系统的状态变化。从图 4.11 可看出，主从系统的状态达到了同步。图 4.12 显示了动态反馈增益渐近地收敛到一个负常数。

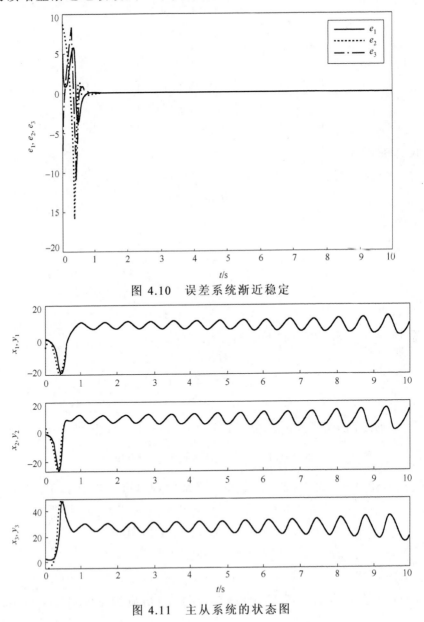

图 4.10　误差系统渐近稳定

图 4.11　主从系统的状态图

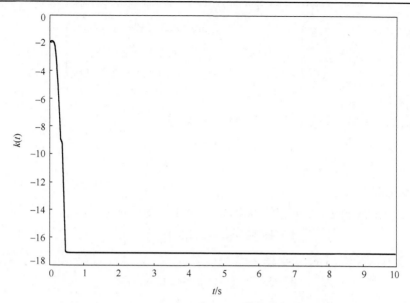

图 4.12　动态反馈增益渐近地收敛到一个负常数

例 4.5　考虑 Chen-Lee 系统

$$\dot{x} = f(x) \tag{4-50}$$

其中

$$x = \begin{pmatrix} x_1 \\ x_2 \\ x_3 \end{pmatrix}, \quad f(x) = \begin{pmatrix} f_1(x) \\ f_2(x) \\ f_3(x) \end{pmatrix} = \begin{pmatrix} 5x_1 - x_2 x_3 \\ x_1 x_3 - 10x_2 \\ x_1 x_2 / 3 - 3.8x_3 \end{pmatrix} \tag{4-51}$$

设系统 (4-50) 为主系统，则相应的从系统为

$$\dot{y} = f(y) + Bu \tag{4-52}$$

其中

$$y = \begin{pmatrix} y_1 \\ y_2 \\ y_3 \end{pmatrix}, \quad f(y) = \begin{pmatrix} 5y_1 - y_2 y_3 \\ y_1 y_3 - 10y_2 \\ y_1 y_2 / 3 - 3.8y_3 \end{pmatrix}, \quad B = \begin{pmatrix} 1 \\ 0 \\ 0 \end{pmatrix} \tag{4-53}$$

u 是待设计的控制器。

再令 $e = y - x$，则误差系统为

$$\dot{e} = G(x, e) + Bu \tag{4-54}$$

其中

$$e = \begin{pmatrix} e_1 \\ e_2 \\ e_3 \end{pmatrix}, \quad G(x,e) = \begin{pmatrix} 5e_1 - e_2 e_3 - x_2 e_3 - x_3 e_2 \\ e_1 e_3 + x_1 e_3 + x_3 e_1 - 10 e_2 \\ (e_1 e_2 + x_1 e_2 + x_2 e_1)/3 - 3.8 e_3 \end{pmatrix} \tag{4-55}$$

B 见式 (4-53)。

注意到，如果 $e_1 = 0$，则下面的二维系统

$$\begin{aligned} \dot{e}_2 &= x_1 e_3 - 10 e_2 \\ \dot{e}_3 &= x_1 e_2 / 3 - 3.8 e_3 \end{aligned} \tag{4-56}$$

是渐近稳定的。

因此，$(G(x,e), B)$ 可镇定。根据定理 4.1，设计的控制器为

$$u = k(t) B^{\mathrm{T}} e = k(t)(1,0,0) e = k(t) e_1 \tag{4-57}$$

将控制器 (4-57) 给出的控制器 u 代入误差系统 (4-54)，得到如下的系统

$$\begin{aligned} \dot{e}_1 &= 5e_1 - e_2 e_3 - x_2 e_3 - x_3 e_2 + k(t) e_1 \\ \dot{e}_2 &= e_1 e_3 + x_1 e_3 + x_3 e_1 - 10 e_2 \\ \dot{e}_3 &= (e_1 e_2 + x_1 e_2 + x_2 e_1)/3 - 3.8 e_3 \end{aligned} \tag{4-58}$$

其中，$\dot{k}(t) = -\|e\|^2$。

下面进行数值仿真，选择主系统 (4-50) 的初值为 $x(0) = [3, -4, 5]$，从系统 (4-52) 的初值为 $y(0) = [1, 2, -3]$，反馈增益的初值为 $k(0) = -1$。应用 45 阶龙格库塔方法得到图 4.13～图 4.15。图 4.13 显示了误差系统渐近稳定，即主

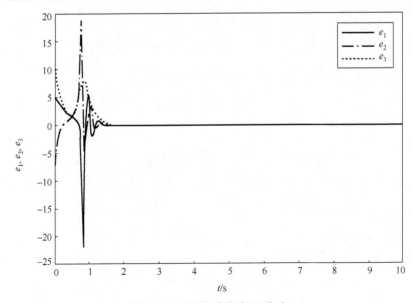

图 4.13　误差系统渐近稳定

从系统在上述控制器作用下实现了同步。图 4.14 分别显示了主系统和从系统的状态变化。从图 4.14 可看出，主从系统的状态达到了同步。图 4.15 显示了动态反馈增益渐近地收敛到一个负常数。

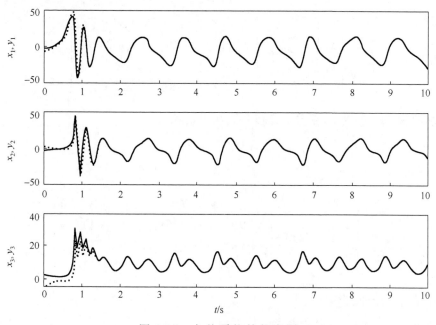

图 4.14　主从系统的状态图

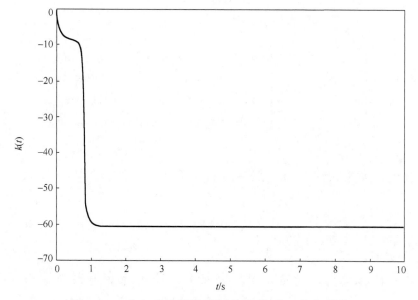

图 4.15　动态反馈增益渐近地收敛到一个负常数

例 4.6　考虑 Chen 超混沌系统

$$\dot{x} = f(x) \tag{4-59}$$

其中

$$x = \begin{pmatrix} x_1 \\ x_2 \\ x_3 \\ x_4 \end{pmatrix}, \quad f(x) = \begin{pmatrix} f_1(x) \\ f_2(x) \\ f_3(x) \\ f_4(x) \end{pmatrix} = \begin{pmatrix} -37x_1 + 37x_2 \\ -9x_1 - x_1x_3 + 26x_2 \\ -3x_3 + x_1x_2 + x_1x_3 - x_4 \\ -8x_4 + x_2x_3 - x_1x_3 \end{pmatrix} \tag{4-60}$$

设系统 (4-59) 为主系统，则相应的从系统为

$$\dot{y} = f(y) + Bu \tag{4-61}$$

其中

$$y = \begin{pmatrix} y_1 \\ y_2 \\ y_3 \\ y_4 \end{pmatrix}, \quad f(y) = \begin{pmatrix} -37y_1 + 37y_2 \\ -9y_1 - y_1y_3 + 26y_2 \\ -3y_3 + y_1y_2 + y_1y_3 - y_4 \\ -8y_4 + y_2y_3 - y_1y_3 \end{pmatrix}, \quad B = \begin{pmatrix} 0 & 0 \\ 1 & 0 \\ 0 & 1 \\ 0 & 0 \end{pmatrix} \tag{4-62}$$

u 是待设计的控制器。

再令 $e = y - x$，则误差系统为

$$\dot{e} = G(x,e) + Bu \tag{4-63}$$

其中

$$e = \begin{pmatrix} e_1 \\ e_2 \\ e_3 \\ e_4 \end{pmatrix}, \quad G(x,e) = \begin{pmatrix} -37e_1 + 37e_2 \\ -9e_1 - x_1e_3 - e_1x_3 - e_1e_3 + 26e_2 \\ -3e_3 + x_1e_2 + e_1(x_2 + x_3 + e_2 + e_3) + x_1e_3 - e_4 \\ -8e_4 + x_2e_2 - x_3e_1 + e_3(x_2 - x_1 + e_2 - e_1) \end{pmatrix} \tag{4-64}$$

B 见式 (4-62)。

注意到，如果 $e_2 = e_3 = 0$，则下面的二维系统

$$\begin{aligned} \dot{e}_1 &= -37e_1 \\ \dot{e}_4 &= -x_3e_1 - 8e_4 \end{aligned} \tag{4-65}$$

是渐近稳定的。

因此，$(G(x,e), B)$ 可镇定。根据定理 4.1，设计的控制器为

$$u = k(t)B^\mathrm{T}e = k(t)\begin{pmatrix} 0 & 1 & 0 & 0 \\ 0 & 0 & 1 & 0 \end{pmatrix}e$$

$$= \begin{pmatrix} k(t)e_2 \\ k(t)e_3 \end{pmatrix}$$

(4-66)

将控制器式(4-66)给出的控制器 u 代入误差系统(4-63)，得到如下的系统

$$\dot{e}_1 = -37e_1 + 37e_2$$
$$\dot{e}_2 = -9e_1 - x_1e_3 - e_1x_3 - e_1e_3 + 26e_2 + k(t)e_2$$
$$\dot{e}_3 = -3e_3 + x_1e_2 + e_1(x_2 + x_3 + e_2 + e_3) + x_1e_3 - e_4 + k(t)e_3$$
$$\dot{e}_4 = -8e_4 + x_2e_2 - x_3e_1 + e_3(x_2 - x_1 + e_2 - e_1)$$

(4-67)

其中，$\dot{k}(t) = -\|e\|^2$。

　　下面进行数值仿真，选择主系统(4-59)的初值为 $x(0) = [3,\ -4,\ 5,\ -6]$，从系统(4-61)的初值为 $y(0) = [1, 2,\ -3, 8]$，反馈增益的初值为 $k(0) = -1$。应用 45 阶龙格库塔方法得到图 4.16～图 4.18。图 4.16 显示了误差系统渐近稳定，即主从系统在上述控制器作用下实现了同步。图 4.17 分别显示了主系统和从系统的状态变化。从图 4.17 可看出，主从系统的状态达到了同步。图 4.18 显示了动态反馈增益渐近地收敛到一个负常数。

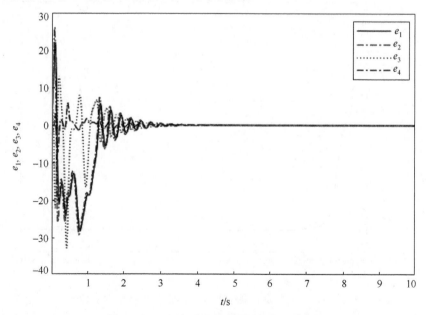

图 4.16　误差系统渐近稳定(见彩图)

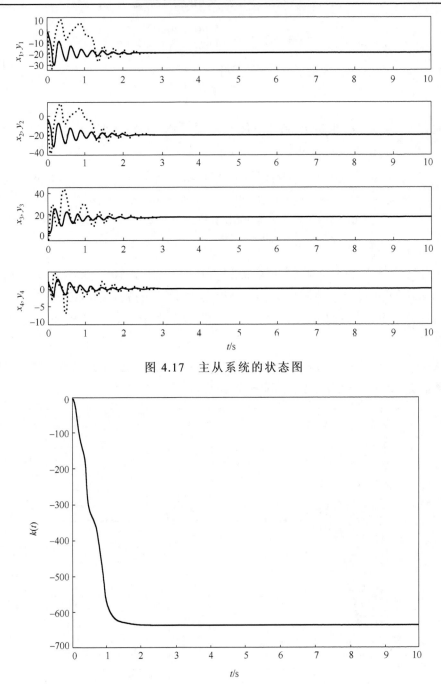

图 4.17　主从系统的状态图

图 4.18　动态反馈增益渐近地收敛到一个负常数

参 考 文 献

[1] Pecora L, Carroll T. Synchronization in chaotic systems. Physical Review Letters, 1990, 64(8): 821-824.

[2] Cao L Y, Lai Y C. Anti-phase synchronism in chaotic systems. Physical Review E, 1998, 58(1): 382-386.

[3] Hu J, Chen S, Chen L. Adaptive control for anti-synchronization of Chua's chaotic system. Physics Letters A, 2005, 339(6): 455-460.

[4] Wang Z. Anti-synchronization in two non-identical hyperchaotic systems with known or unknown parameters. Communications on Nonlinear Science and Numerical Simulations, 2009, 14(5): 2366-2372.

[5] Pan L, Zhou W, Fang J, et al. Synchronization and anti-synchronization of new uncertain fractional-order modified unified chaotic systems via novel active pinning control. Communications on Nonlinear Science and Numerical Simulations, 2010, 15: 3754-3762.

[6] Zhang Q, Lu J H, Chen S H. Coexistence of anti-phase and complete synchronization in the generalized Lorenz system. Communications on Nonlinear Science and Numerical Simulations, 2010, 15(11): 3067-3072.

[7] Al-sawalha M M, Noorani M S M, Al-dlalah M M. Adaptive anti-synchronization of chaotic systems with fully unknown parameters. Computers and Mathematics with Applications, 2010, 59(10): 3234-3244.

[8] Fu G, Li Z. Robust adaptive anti-synchronization of two different hyperchaotic systems with external uncertainties. Communications on Nonlinear Science and Numerical Simulations, 2011, 16(1): 395-401.

[9] Hammam S, Benrejeb M, Feki M, et al. Feedback control design for Rossler and Chen chaotic systems anti-synchronization. Physics Letters A, 2010, 374(28): 2835-2840.

[10] Huang C, Cao J. Active control strategy for synchronization and anti-synchronization of a fractional chaotic financial system. Physica A, 2017, 4731(5): 262-275.

[11] Liu D, Zhu S, Sun K. Anti-synchronization of complex-valued memristor-based delayed neural networks. Neural Networks, 2018, 105(9): 1-13.

[12] Wang L, Chen T. Finite-time anti-synchronization of neural networks with time-varying delays. Neurocomputing, 2018, 27531(1): 1595-1600.

[13] Mahmoud E E, Abo-Dahab S M. Dynamical properties and complex anti synchronization with applications to secure communications for a novel chaotic complex nonlinear model. Chaos, Solitons and Fractals, 2018, 106(1): 273-284.

[14] Jia B, Wu Y, He D, et al. Dynamics of transitions from anti-phase to multiple in-phase synchronizations in inhibitory coupled bursting neurons. Nonlinear Dynamics, 2018, 93(3): 1599-1618.

[15] Zhang X, Niu P, Hu X, et al. Global quasi-synchronization and global anti-synchronization of delayed neural networks with discontinuous activations via non-fragile control strategy. Neurocomputing, 2019, 3617(10): 1-9.

[16] Huang Y, Hou J, Yang E. General decay lag anti-synchronization of multi-weighted delayed coupled neural networks with reaction-diffusion terms. Information Sciences, 2020, 511(2): 36-57.

[17] Ren L, Guo R W. A necessary and sufficient condition of anti-synchronization for chaotic systems and its applications. Mathematical Problems in Engineering, 2015, 434651: 1-7.

[18] Guo R W. A simple adaptive controller for chaos and hyperchaos synchronization. Physics Letters A, 2008, 372(34): 5593-5597.

[19] Guo R W. Projective synchronization of a class of chaotic systems by dynamic feedback control method. Nonlinear Dynamics, 2017, 90(1): 53-64.

[20] Lorenz E N. Deterministic nonperiodic flow. Journal of Atmospheric Science, 1963, 20(2): 130-141.

[21] Chen J H. Controlling chaos and chaotification in the Chen-Lee system by multiple time delays. Chaos, Solitons and Fractals, 2008, 36(4): 843-852.

[22] Li Z, Park J B. Bifurcation and chaos in permanent-magnet synchronous motor. IEEE Transactions on Circuits and Systems-I: Regular Papers, 2002, 49(3): 383-387.

[23] Yan Z Y, Yu P. Hyperchaos synchronization and control on a new hyperchaotic attractor. Chaos, Solitons and Fractals, 2008, 35(2): 333-345.

第 5 章　混沌系统的反同步

5.1　引　　言

　　混沌系统反同步是 Pecora 和 Carroll 首次发现相同的系统可实现完全同步问题[1]后的又一类非常重要的同步类型。与混沌系统完全同步不同的是，该类型的同步要求主从系统的状态趋于相反数。只有混沌吸引子具有对称结构的混沌系统才能实现混沌系统反同步。也就是说，混沌系统的反同步问题只适合满足该性质才能实现。如果一个系统的反同步问题存在，可通过两种方式来实现。一种是选择系统的初值，只要主从混沌系统的初值是互为相反数的，则主从系统将实现反同步。另一种是通过设计控制器来实现[2]。

　　考虑如下的 N 维连续混沌系统

$$\dot{z} = F(z, p) \tag{5-1}$$

系统(5-1)可分解成两个子系统，x（维数为 N_x），y（维数为 N_y），$N_x + N_y = N$，即

$$\dot{x} = f(x) \tag{5-2}$$

$$\dot{y} = h(x, p)G(y) \tag{5-3}$$

其中，$f(x)$ 是能产生混沌吸引子的连续向量函数，$h(x, p)$ 是一个标量驱动函数，$G(y)$ 是满足对称性的向量函数。为了简便，一般要求 $G(-y) = -G(y)$。

　　从系统如下

$$\dot{y}' = h(x, p)G(y') \tag{5-4}$$

其中，$y' \in N_y$ 是系统(5-4)的状态。如果选择主系统(5-3)和从系统(5-4)的初值互为相反数，则 $y(t) \to -y'(t)$，$t \to \infty$。

　　关于混沌系统的反同步问题已经有大量的理论和实验结果，比如两个相同系统的反同步问题，甚至是两个不同系统的反同步问题[2-16]。但是，一个

非常关键的基础问题并没有得出，即混沌系统的反同步问题的存在性。缺少这一关键问题，目前结果中所设计的控制器大部分是保证了数学上证明的需要和理论上的正确性，而忽视了控制的实现问题。在文献[17]中，首次提出了对于一个给定的混沌系统 $\dot{q}_m = H(q_m)$，$q_m \in \mathbf{R}^n$，其反同步问题的存在的充要条件是 $H(-q_m) = -H(q_m)$。相应的从混沌系统 $\dot{q}_s = H(q_s) + B_q u_q$，其中，$B_q \in \mathbf{R}^r, r \geqslant 1$，$u_q \in \mathbf{R}^r$ 是设计的控制器，且满足 $u_q = u_q(x,e)$，$u_q(x,0) = 0$，其中，$e = q_m + q_s$。也就是说，$e = 0$ 应该是未受控误差系统 $\dot{e} = H(q_s) + H(q_m)$ 的平衡点，该条件能保证物理上可实现控制器 $u_q = u_q(q_m,e)$ 设计的可能性。如果该条件不满足，即使相同系统的反同步问题，或者不同系统的反同步问题能实现，设计的控制器也一定是物理上不可实现的，即条件 $u_q(q_m,0) = 0$ 是不满足的。

下面以文献[7]中的结果为例来说明上述混沌系统反同步存在条件的重要性。

考虑如下的混沌系统

$$
\begin{aligned}
\dot{x}_1 &= a(y_1 - x_1) \\
\dot{y}_1 &= (c-a)x_1 - x_1 z_1 + cy_1 \\
\dot{z}_1 &= x_1 y_1 - bz_1
\end{aligned}
\tag{5-5}
$$

其中，$a = 35$，$b = 32$，$c = 28$。

则相应的从系统为

$$
\begin{aligned}
\dot{x}_2 &= a(y_2 - x_2) + U_1 \\
\dot{y}_2 &= (c-a)x_2 - x_2 z_2 + cy_2 + U_2 \\
\dot{z}_2 &= x_2 y_2 - bz_2 + U_3
\end{aligned}
\tag{5-6}
$$

其中，$e = x + y$。

因为 $x_2 = e_1 - x_1$，$z_2 = e_3 - z_1$，则

$$
U_2 = x_2 z_2 + x_1 z_1 - e_1 = e_1 e_3 - x_1 e_3 - z_1 e_1 + 2x_1 z_1
$$

显然

$$
U_2(x_1, y_1, z_1, 0) = 2x_1 z_1 \neq 0
$$

另外，$U = [U_1, U_2, U_3]^{\mathrm{T}}$ 是一个三输入控制器。在实际中，对于一个三维系统来说，单输入控制器往往是经常被采用的，三输入控制器是不可能被采用的，因为系统不可能有那么多的控制通道。

产生上述问题的原因就是上述系统不满足反同步的条件。目前满足反同

步条件的系统有修正的 Chua 系统[18]。但是，Lorenz 系统就不满足该条件。一个非常自然的问题产生了，如果一个混沌系统不满足反同步的条件，那么它的子系统能不能满足反同步的条件，即该系统的子系统能实现反同步问题吗？进一步，如果一个系统的子系统能满足反同步的条件，如何找到？这样的子系统有多少个？这些问题都没有解决。如果给定的混沌系统反同步问题存在，可考虑如何设计形式上简单而且物理上可实现的控制器。如果一个给定混沌系统不满足反同步的条件，那么就判断其能否满足部分反同步的条件，如果存在的话，这样的解一共多少个。最后，再考虑控制器的设计问题。

5.2　混沌系统的反同步问题

5.2.1　预备知识

考虑如下的混沌系统

$$\dot{x} = f(x) \tag{5-7}$$

其中，$x \in \mathbf{R}^n$ 是系统状态变量，$f(x) = [f_1(x), f_2(x), \cdots, f_n(x)]^T$ 是连续的向量函数。

设系统 (5-7) 是主系统，则相应的从系统为

$$\dot{y} = f(y) + Bu \tag{5-8}$$

其中，$y \in \mathbf{R}^n$ 是系统状态变量，$f(y) = [f_1(y), f_2(y), \cdots, f_n(y)]^T$ 是连续的向量函数，$B \in \mathbf{R}^{m \times r}$ 是常矩阵，$r \geq 1$，$u \in \mathbf{R}^r$ 是待设计的控制器。

再令 $E = x + y$，则和系统为

$$\dot{E} = f(y) + f(x) + Bu \tag{5-9}$$

下面给出混沌系统反同步的定义。

定义 5.1　考虑和系统 (5-9)。如果 $\lim_{t \to \infty} \|E(t)\| = 0$，则称主系统 (5-7) 与从系统 (5-8) 达到了反同步。

注 5.1　混沌系统的反同步问题其实比同步问题难度更大，只有部分混沌系统才能满足反同步的条件 $f(-x) = -f(x)$。事实上，$e = y - x = 0$ 显然是下面误差系统

$$\dot{e} = f(y) - f(x) \tag{5-10}$$

的平衡点。而

$$\dot{E} = f(y) + f(x) \tag{5-11}$$

$E=0$ 不一定是系统 (5-11) 的平衡点。事实上，只有当 $f(x)$ 是奇函数时，即

$$f(-x) = -f(x) \tag{5-12}$$

此时 $E=0$ 才是系统 (5-11) 的平衡点。只有这一基本条件满足时，才能设计出形式上简单而且物理上可实现的控制器。目前关于混沌系统反同步问题已经取得大量的结果，但是大部分结果都没有考虑这一基本问题，因此所设计的控制只在数学上有意义，但是在实际中很难实现。另外，相同混沌系统的反同步问题可以通过选择主从系统的初始值互为相反数来实现，但是不同系统的反同步不可能通过选择主从系统的初始值互为相反数来实现。由于选择初值实现主从混沌系统反同步的方法具有很大的局限性，因此，本章只研究如何设计控制器来实现主从混沌系统的反同步问题。

为了设计形式上简单而且物理上可实现的控制器，应用动态增益反馈控制方法，即定理 2.2。

5.2.2　理论结果

本节分两种情况来研究混沌系统 (5-7) 的反同步问题。当混沌系统 (5-7) 满足反同步条件时，研究如何设计形式上简单而且物理可实现的控制器来实现其反同步问题。当混沌系统 (5-7) 不满足反同步条件时，研究该系统的部分子系统是否能进行反同步，进一步，如何设计形式上简单而且物理可实现的控制器来实现其部分反同步问题。

情况 1：混沌系统 (5-7) 满足反同步的条件 $f(-x) = -f(x)$。

根据定理 2.2，得到如下的结论。

定理 5.1　考虑和系统 (5-9)。如果 $(f(x) + f(y), B)$ 是可镇定的，则设计的动态增益反馈控制器为

$$u = KE \tag{5-13}$$

其中，$K = k(t)B^{\mathrm{T}}$，且反馈增益 $k(t)$ 更新率为

$$\dot{k}(t) = -\| E(t) \|^2 \tag{5-14}$$

证明：主系统(5-7)和从系统(5-8)反同步等价于和系统(5-9)镇定，又注意到 $(f(x)+f(y),B)$ 是可镇定的，因此根据定理 2.2，定理的结论成立。证毕。

对于一些特殊的混沌系统，得到如下的结论。

推论 5.1 考虑混沌和系统(5-9)。如果存在一个非奇异线性变换 $z=PE$ 将系统(5-9)转化成如下的系统

$$\dot{z}=F(z)=\begin{pmatrix} M(q)p \\ N(p)q \end{pmatrix} \tag{5-15}$$

其中，$M(q)\in \mathbf{R}^{s\times s}$，$s\geq 1$，$p=[z_1,z_2,\cdots,z_s]^T$，$q=[z_{s+1},z_{s+2},\cdots,z_n]^T$，$N(p)\in \mathbf{R}^{(n-s)\times(n-s)}$，$M(-q)=M(q)$，$N(-p)=N(p)$，且

$$\left(\begin{pmatrix} M(p) \\ N(q) \end{pmatrix}, B \right)$$

可控，则设计的动态增益反馈控制器为

$$u=Kz \tag{5-16}$$

其中，$K=k(t)B^T$，且反馈增益 $k(t)$ 更新率为

$$\dot{k}(t)=-\parallel z(t)\parallel^2 \tag{5-17}$$

注 5.2 特别地，如果和系统(5-15)满足

$$\dot{q}=N(0)q \tag{5-18}$$

渐近稳定，则设计的动态增益反馈控制器为

$$u=Kz \tag{5-19}$$

其中，$K=k(t)B^T$，且反馈增益 $k(t)$ 更新率为

$$\dot{k}(t)=-\parallel p(t)\parallel^2 \tag{5-20}$$

情况 2：混沌系统(5-7)不满足反同步的条件 $f(-x)=-f(x)$。此时研究该系统的部分反同步问题。

考虑如下混沌系统

$$\dot{x}=f(x) \tag{5-21}$$

其中，$x\in \mathbf{R}^n$ 是状态变量，$f(x)\in \mathbf{R}^n$ 是连续向量函数，即

$$x=\begin{pmatrix} X \\ Z \end{pmatrix}, \quad f(x)=\begin{pmatrix} G_1(X,Z) \\ G_2(X,Z) \end{pmatrix} \tag{5-22}$$

$X \in \mathbf{R}^m$，$Z \in \mathbf{R}^{n-m}$，$m \geqslant 1$，$G_1(X,Z) \in \mathbf{R}^m$，$G_1(-X,Z) = -G_1(X,Z)$ 和 $G_2(X,Z) \in \mathbf{R}^{n-m}$，则系统(5-21)重写为以下形式

$$\dot{X} = G_1(X,Z) \tag{5-23}$$

$$\dot{Z} = G_2(X,Z) \tag{5-24}$$

令系统(5-23)为主系统，则从系统表示为

$$\dot{y} = f(y) + Bu \tag{5-25}$$

其中，$y \in \mathbf{R}^n$是状态变量，$f(y) \in \mathbf{R}^n$是连续向量函数，$B \in \mathbf{R}^{m \times r}$是常数矩阵，$r \geqslant 1$，$u \in \mathbf{R}^r$是设计的控制器，即

$$y = \begin{pmatrix} Y \\ Z \end{pmatrix}, \quad f(y) = \begin{pmatrix} G_1(Y,Z) \\ G_2(Y,Z) \end{pmatrix} \tag{5-26}$$

$$B - \begin{pmatrix} B_1 \\ B_2 \end{pmatrix} \tag{5-27}$$

其中，$Y \in \mathbf{R}^m$，$Z \in \mathbf{R}^{n-m}$，$m \geqslant 1$，$G_2(Y,Z) \in \mathbf{R}^{n-m}$，$B_1 \in \mathbf{R}^{m \times r}$，$B_2 \in \mathbf{R}^{(n-m) \times r}$。

系统(5-26)可写为

$$\dot{Y} = G_1(Y,Z) + B_1 u \tag{5-28}$$

$$\dot{Z} = G_2(Y,Z) + B_2 u \tag{5-29}$$

令 $E = X + Y$，则和系统表示为

$$\dot{E} = G_1(X,Z) + G_2(Y,Z) + B_1 u \tag{5-30}$$

其中，$e \in \mathbf{R}^m$是状态向量，B_1由式(5-27)给出，u是待设计的控制器。

定义 5.2 考虑和系统(5-30)，如果 $\lim\limits_{t \to \infty} \| E(t) \| = 0$，则主系统(5-23)和从系统(5-28)称为实现了反同步，这表示主系统(5-21)和从系统(5-22)实现了部分反同步。

一个很自然的问题，如何判断一个混沌系统能实现部分反同步，如果该系统的部分反同步问题存在，一共有几个解。

考虑如下混沌系统

$$\dot{z} = F(z) \tag{5-31}$$

其中，$z \in \mathbf{R}^n$，$F(z) \in \mathbf{R}^n$是向量函数。

首先，先考虑给定混沌系统部分反同步的存在性，并给出了如下的结论。

定理 5.2 考虑混沌系统(5-31)。如果存在一个非奇异线性变换

$$x = \begin{pmatrix} X \\ Z \end{pmatrix} = Tz \tag{5-32}$$

在该变换下，混沌系统(5-31)转化为如下的系统

$$\dot{x} = f(x) = \begin{pmatrix} G_1(X,Z) \\ G_2(X,Z) \end{pmatrix} \tag{5-33}$$

则系统(5-31)可在如下形式的控制器

$$u = u(X,Z,E), \quad u(X,Z,0) = 0 \tag{5.34}$$

下实现部分反同步。

证明： 如果定理的条件满足，则 $E = 0$ 是

$$\dot{E} = G_1(Y,Z) + G_1(X,Z) = G_1(E - X, Z) + G_1(X,Z) \tag{5-35}$$

的平衡点。因此式(5-34)给出的控制器 u 可以使和系统(5-30)达到镇定。它说明混沌系统(5-31)实现了部分反同步。

接下来，研究混沌系统(5-31)部分反同步问题的求解。

如何找到非奇异矩阵 T 使得系统(5-31)转换为系统(5-21)。进一步，如果存在这样的矩阵 T，那么这样的矩阵 T 一共有多少个？本节将分两种情况进行讨论。

情况 1：方程组(5-36)有形如式(5-37)的解。

对于系统(5-31)，若下面关于 α 的代数方程组

$$\begin{cases} F_1(\alpha z) \equiv \alpha_1 F(z) \\ F_2(\alpha z) \equiv \alpha_2 F(z) \\ \quad \vdots \\ F_n(\alpha z) \equiv \alpha_n F(z) \end{cases} \tag{5-36}$$

有如下形式的解

$$\beta^{(s)} = \begin{pmatrix} \alpha_{i_1} \\ \vdots \\ \alpha_{i_{n-1}} \\ \alpha_{i_n} \\ \alpha_{i_{n+1}} \\ \vdots \\ \alpha_{i_n} \end{pmatrix} = \begin{pmatrix} -1 \\ -1 \\ \vdots \\ -1 \\ 1 \\ \vdots \\ 1 \end{pmatrix} \leftarrow s \tag{5-37}$$

其中，$s \geqslant 1$ 是最后一个 $\alpha_{i_j} = -1$ 的位置，$i_j \in \Lambda = \{1, 2, \cdots, n\}$，$j = 1, 2, \cdots, n$，

$$\alpha = \begin{pmatrix} \alpha_1 & 0 & 0 & \cdots & 0 \\ 0 & \alpha_2 & 0 & \cdots & 0 \\ 0 & 0 & \alpha_3 & \cdots & 0 \\ \vdots & \vdots & \vdots & & \vdots \\ 0 & 0 & 0 & \cdots & \alpha_n \end{pmatrix} \tag{5-38}$$

且 $|\alpha_i| = 1$，$i \in \Lambda$，则可以根据算法 5.1 得到矩阵 T。

算法 5.1　令 $k = 1$，s 是 $\alpha_j = -1$ 的数量，其中，$j \in \Lambda$，定义

$$\min\{j \,|\, \alpha_j = -1, j \in \Lambda\} \overset{\text{def}}{=} i_k \tag{5-39}$$

当 $k \leqslant s$ 时，重复下面的步骤

$$k = k + 1$$

$$\min_{j \in \Lambda}\{\alpha_j = -1, j \neq i_1, i_2, \cdots, i_{k-1}\} \overset{\text{def}}{=} i_k$$

然后，令

$$X = \begin{pmatrix} X_1 \\ X_2 \\ \vdots \\ X_s \end{pmatrix} = \begin{pmatrix} z_{i_1} \\ z_{i_2} \\ \vdots \\ z_{i_s} \end{pmatrix} \tag{5-40}$$

然后，再令 $k = s + 1$

$$\min\{j \,|\, \alpha_j = 1, j \in \Lambda\} \overset{\text{def}}{=} i_k \tag{5-41}$$

当 $k \leqslant n$ 时，重复下面的步骤

$$k = k + 1$$

$$\min\{\alpha_j = 1, j \neq i_{s+1}, i_{s+2}, \cdots, i_{k-1}, j \in \Lambda\} \overset{\text{def}}{=} i_k$$

接着，再令

$$Z = \begin{pmatrix} Z_{s+1} \\ Z_{s+2} \\ \vdots \\ Z_n \end{pmatrix} = \begin{pmatrix} z_{i_{s+1}} \\ z_{i_{n+2}} \\ \vdots \\ z_{i_n} \end{pmatrix} \tag{5-42}$$

总之，通过算法 5.1，得到转换矩阵 T

$$T = \begin{pmatrix} \delta_n^{i_1} \\ \vdots \\ \delta_n^{i_s} \\ \vdots \\ \delta_n^{i_n} \end{pmatrix} \tag{5-43}$$

其中

$$\delta_n^{i_1} = (0, \quad \cdots, \quad 0, \quad 1, \quad 0, \quad \cdots, \quad 0) \in \mathbf{R}^n$$
$$\uparrow$$
$$i_1$$

$i_j \in \Lambda, j = 1,2,\cdots,n$，即 $\delta_n^{i_1}$ 是 n 阶单位矩阵 I_n 的第 i_1 行，其中，$i_1 \in \Lambda$。

例如，对于混沌系统：$\dot{z} = F(z)$，$z \in \mathbf{R}^3$，$F(z) \in \mathbf{R}^3$。如果 $\alpha_1 = -1$，$\alpha_2 = 1$，$\alpha_3 = -1$，则 $s = 2$，$i_1 = 1$，$i_2 = 3$，$i_3 = 2$。通过算法 5.1，得到

$$T = \begin{pmatrix} \delta_3^{i_1} \\ \delta_3^{i_2} \\ \delta_3^{i_3} \end{pmatrix} = \begin{pmatrix} \delta_3^1 \\ \delta_3^3 \\ \delta_3^2 \end{pmatrix} = \begin{pmatrix} 1 & 0 & 0 \\ 0 & 0 & 1 \\ 0 & 1 & 0 \end{pmatrix} \tag{5-44}$$

通过变换 $x = Tz$，系统 $\dot{z} = F(z)$ 转换为如下的两个系统

$$\dot{X} = G_1(X,Z) \tag{5-45}$$

$$\dot{Z} = G_2(X,Z) \tag{5-46}$$

其中

$$\begin{pmatrix} X \\ Z \end{pmatrix} = \begin{pmatrix} X_1 \\ X_2 \\ Z \end{pmatrix} = Tz = \begin{pmatrix} z_1 \\ z_3 \\ z_2 \end{pmatrix}$$

$$f(x) = \begin{pmatrix} G_1(X,Z), \\ G_2(X,Z) \end{pmatrix} = TF(z) = \begin{pmatrix} F_1(z) \\ F_3(z) \\ F_2(z) \end{pmatrix}$$

情况 2：方程组 (5-36) 没有形如 (5-37) 的解。

在这种情况下，应该通过算法 5.2 来求解。

算法 5.2　令 $l=1$，其中 l 是 $\alpha_j=1$ 的数量，k 是第一个 $\alpha_j=1$ 的位置，$j \in \Lambda$，$1 \leqslant k \leqslant n$，验证

$$\Gamma_k^l = \begin{pmatrix} \Gamma_{k,1}^l \\ \vdots \\ \Gamma_{k,k-1}^l \\ \Gamma_{k,k}^l \\ \Gamma_{k,k+1}^l \\ \vdots \\ \Gamma_{k,n}^l \end{pmatrix} = \begin{pmatrix} -1 \\ \vdots \\ -1 \\ 1 \\ -1 \\ \vdots \\ -1 \end{pmatrix} \leftarrow k \tag{5-47}$$

是不是下面方程组

$$\begin{cases} F_1(\alpha z) \equiv \alpha_1 F(z) \\ \quad \vdots \\ F_{k-1}(\alpha z) \equiv \alpha_{k-1} F(z) \\ F_{k+1}(\alpha z) \equiv \alpha_{k+1} F(z) \\ \quad \vdots \\ F_n(\alpha z) \equiv \alpha_n F(z) \end{cases} \tag{5-48}$$

的解。

如果是，则矩阵 T 为

$$T = \begin{pmatrix} \delta_n^{i_1} \\ \vdots \\ \delta_n^{i_{k-1}} \\ \delta_n^{i_k} \\ \delta_n^{i_{k+1}} \\ \vdots \\ \delta_n^{i_n} \end{pmatrix} = \begin{pmatrix} \delta_n^1 \\ \vdots \\ \delta_n^{k-1} \\ \delta_n^n \\ \delta_n^{k+1} \\ \vdots \\ \delta_n^k \end{pmatrix} \tag{5-49}$$

注意这里有 $C_n^1 = n$ 种情况。

然后，$l=2$，其中，l 是 $\alpha_i=1$ 的数量，k 是第一个 $\alpha_j=1$ 位置，$k+1$ 是第二个 $\alpha_j=1$ 的位置，$j \in \Lambda, 1 \leqslant k \leqslant n-1$，验证

$$\Gamma_k^l = \begin{pmatrix} \Gamma_{k,1}^l \\ \Gamma_{k,2}^l \\ \vdots \\ \Gamma_{k,k-1}^l \\ \Gamma_{k,k}^l \\ \Gamma_{k,k+1}^l \\ \Gamma_{k,k+2}^l \\ \vdots \\ \Gamma_{k,n}^l \end{pmatrix} = \begin{pmatrix} -1 \\ -1 \\ \vdots \\ -1 \\ 1 \\ 1 \\ -1 \\ \vdots \\ -1 \end{pmatrix} \leftarrow k \tag{5-50}$$

是不是下面方程组

$$\begin{cases} F_1(\alpha z) \equiv \alpha_1 F(z) \\ \qquad \vdots \\ F_{k-1}(\alpha z) \equiv \alpha_{k-1} F(z) \\ F_{k+2}(\alpha z) \equiv \alpha_{k+2} F(z) \\ \qquad \vdots \\ F_n(\alpha z) \equiv \alpha_n F(z) \end{cases} \tag{5-51}$$

的解。如果是，则得到的矩阵 T 如下

$$T = \begin{pmatrix} \delta_n^{i_1} \\ \vdots \\ \delta_n^{i_{k-1}} \\ \delta_n^{i_k} \\ \delta_n^{i_{k-1}} \\ \vdots \\ \delta_n^{i_{n-1}} \\ \delta_n^{i_n} \end{pmatrix} = \begin{pmatrix} \delta_n^1 \\ \vdots \\ \delta_n^{k-1} \\ \delta_n^{k+2} \\ \delta_n^n \\ \vdots \\ \delta_n^k \\ \delta_n^{k+1} \end{pmatrix} \tag{5-52}$$

注意这里有 $C_n^2 = \dfrac{n(n-1)}{2}$ 种情况。

只要 $l \leqslant n-1$，则继续进行类似 $l=1$ 和 $l=2$ 中的步骤来寻找矩阵 T。

综上所述，如果混沌系统的部分反同步问题存在，则可通过算法 5.1 和算法 5.2 找到矩阵 T。

最后，研究混沌系统部分反同步问题的实现，即研究如何设计形式上简单而且在物理上可实现的控制器来实现上述问题。

根据文献[19]和文献[20]的结果，得到以下结论。

定理 5.3 考虑和系统 (5-30)。如果 $(G_1(Y,Z)+G_1(X,Z),B_1)$ 是可镇定的，则设计的控制器 u 为

$$u = KE \tag{5-53}$$

其中，$K=k(t)B_1^{\mathrm{T}}$，并且 $k(t)$ 的更新率为

$$\dot{k} = -\|E\|^2 \tag{5-54}$$

这说明主系统 (5-21) 和从系统 (5-25) 实现了部分反同步。

证明：因为 $(G_1(Y,Z)+G_1(X,Z),B_1)$ 是可镇定的，根据定理 2.2，式 (5-53) 所示的控制器 u 即为所有。

特别地，如果 $G_1(X,Z)=M(Z)X$，则得到如下的结论。

定理 5.4 考虑到和系统 (5-30)。如果 $(M(Z),B_1)$ 是可镇定的，则设计的控制器 u 为

$$u = KE \tag{5-55}$$

其中，$K=k(t)B_1^{\mathrm{T}}$，且 $k(t)$ 的更新率为

$$\dot{k} = -\|E\|^2 \tag{5-56}$$

则主系统 (5-21) 和从系统 (5-25) 在上述控制器作用下实现了部分反同步。

证明：由于 $(M(Z),B_1)$ 是可镇定的，根据定理 2.2，则式 (5-55) 所示的控制器即为所求。

考虑到 $G_1(X,Z)=M(Z)X$ 是关于 X 的线性函数，因此又得到如下的结论。

定理 5.5 考虑和系统 (5-30)。如果 $(M(Z),B_1)$ 是可镇定的，则设计的控制器 u 为

$$u = -K(Z)E \tag{5-57}$$

其中，$K(Z)$ 满足无论 Z 取何值矩阵 $M(Z)-B_1K(Z)$ 都是 Hurwitz 的，则主系统 (5-21) 和从系统 (5-25) 在上述控制器作用下实现了部分反同步。

5.2.3　数值例子及仿真

例 5.1 考虑 Chua 混沌系统[17]

$$\dot{x} = f(x) \tag{5-58}$$

其中

$$x = \begin{pmatrix} x_1 \\ x_2 \\ x_3 \end{pmatrix}, \quad f(x) = \begin{pmatrix} f_1(x) \\ f_2(x) \\ f_3(x) \end{pmatrix} = \begin{pmatrix} 10\left(x_2 - \dfrac{1}{7}(2x_1^3 - x_1)\right) \\ x_1 - x_2 + x_3 \\ -100x_2/7 \end{pmatrix}$$

很显然，$f(-x) = f(x)$，即系统(5-58)满足反同步的条件。

设系统(5-58)为主系统，则相应的从系统为

$$\dot{y} = f(y) + Bu \tag{5-59}$$

其中

$$y = \begin{pmatrix} y_1 \\ y_2 \\ y_3 \end{pmatrix}, \quad f(y) = \begin{pmatrix} 10\left(y_2 - \dfrac{1}{7}(2y_1^3 - y_1)\right) \\ y_1 - y_2 + y_3 \\ -100y_2/7 \end{pmatrix}, \quad B = \begin{pmatrix} 1 \\ 0 \\ 0 \end{pmatrix} \tag{5-60}$$

u 是待设计的控制器。

再令 $E = y + x$，则和系统为

$$\dot{E} = G(x, E) + Bu \tag{5-61}$$

其中

$$E = \begin{pmatrix} E_1 \\ E_2 \\ E_3 \end{pmatrix}, \quad G(x, E) = \begin{pmatrix} 10\left(E_2 - \dfrac{1}{7}(2E_1(E_1^2 - 2x_1E_1) - E_1)\right) \\ E_1 - E_2 + E_3 \\ -100E_2/7 \end{pmatrix} \tag{5-62}$$

B 见式(5-60)。

注意到，如果 $E_1 = 0$，则下面的二维系统

$$\begin{aligned} \dot{E}_2 &= -E_2 + E_3 \\ \dot{E}_3 &= -100E_2/7 \end{aligned} \tag{5-63}$$

是渐近稳定的。

因此，$(G(x, E), B)$ 可镇定。根据定理 5.1，设计的控制器为

$$u = k(t)B^{\mathrm{T}}E = k(t)(1,\ 0,\ 0)E = k(t)E_1 \tag{5-64}$$

将控制器(5-64)给出的控制器 u 代入和系统(5-61)，得到如下的系统

$$\dot{E}_1 = 10\left(E_2 - \frac{1}{7}(2E_1(E_1^2 - 2x_1E_1) - E_1)\right) + k(t)E_1$$

$$\dot{E}_2 = E_1 - E_2 + E_3 \tag{5-65}$$

$$\dot{E}_3 = -100E_2 / 7$$

其中，$\dot{k}(t) = -\|E\|^2$。

下面进行数值仿真，选择主系统(5-58)的初值为 $x(0) = [3, -4, 5]$，从系统(5-59)的初值为 $y(0) = [1, 2, -3]$，反馈增益的初值为 $k(0) = -1$。图 5.1 显示了在上述控制器下，和系统渐近稳定，即主从系统达到了反同步。图 5.2 分别显示了主从系统的状态。图 5.3 显示了动态反馈增益收敛到一个合适的常数。

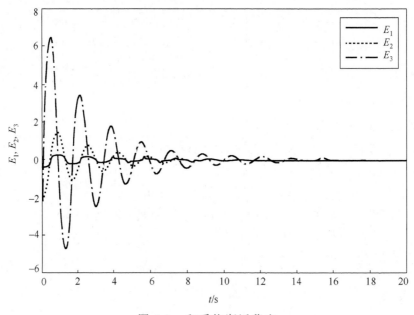

图 5.1 和系统渐近稳定

例 5.2 考虑新 4D 超混沌系统[18]

$$\dot{x} = f(x) \tag{5-66}$$

其中

$$x = \begin{pmatrix} x_1 \\ x_2 \\ x_3 \\ x_4 \end{pmatrix}, \qquad f(x) = \begin{pmatrix} 35(x_2 - x_1) + x_2x_3x_4 \\ 10(x_1 + x_1) - x_1x_3x_4 \\ -x_3 + x_1x_2x_4 \\ -10x_4 + x_1x_2x_3 \end{pmatrix} \tag{5-67}$$

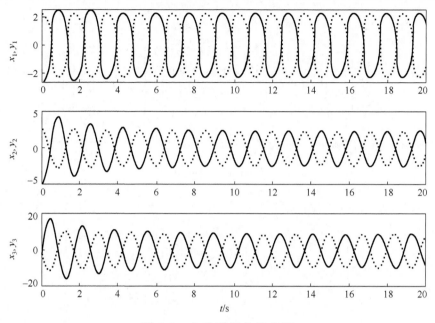

图 5.2　主从系统的状态图

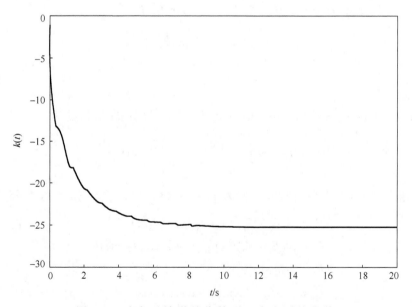

图 5.3　动态反馈增益收敛到一个合适的常数

设系统 (5-66) 为主系统，则相应的从系统为

$$\dot{y} = f(y) + Bu \tag{5-68}$$

其中

$$y = \begin{pmatrix} y_1 \\ y_2 \\ y_3 \\ y_4 \end{pmatrix}, \quad f(y) = \begin{pmatrix} 35(y_2 - y_1) + y_2 y_3 y_4 \\ 10(y_1 + y_2) - y_1 y_3 y_4 \\ -y_3 + y_1 y_2 y_4 \\ -10 y_4 + y_1 y_2 y_3 \end{pmatrix}, \quad B = \begin{pmatrix} 0 & 0 \\ 1 & 0 \\ 0 & 1 \\ 0 & 0 \end{pmatrix} \qquad (5\text{-}69)$$

再令 $E = y + x$，则和系统为

$$\dot{E} = G(x, E) + Bu \qquad (5\text{-}70)$$

其中

$$E = \begin{pmatrix} E_1 \\ E_2 \\ E_3 \\ E_4 \end{pmatrix}, \quad G(x, E) = \begin{pmatrix} 35(E_2 - E_1) + (y_2 y_3 y_4 + x_2 x_3 x_4) \\ 10(E_1 + E_2) - (y_1 y_3 y_4 + x_1 x_3 x_4) \\ -E_3 + (y_1 y_2 y_4 + x_1 x_2 x_4) \\ -10 E_4 + (y_1 y_2 y_3 + x_1 x_2 x_3) \end{pmatrix} \qquad (5\text{-}71)$$

B 见式 (5-69)。

注意到，如果 $E_2 = E_3 = 0$，则下面的二维系统

$$\begin{aligned} \dot{E}_1 &= -E_2 + x_2 x_3 E_4 \\ \dot{E}_4 &= -10 E_4 \end{aligned} \qquad (5\text{-}72)$$

是渐近稳定的。

因此，$(G(x, E), B)$ 可镇定。根据定理 5.1，设计的控制器为

$$u = k(t) B^{\mathrm{T}} E = k(t) \begin{pmatrix} 0 & 1 & 0 & 0 \\ 0 & 0 & 1 & 0 \end{pmatrix} E = k(t) \begin{pmatrix} E_2 \\ E_3 \end{pmatrix} \qquad (5\text{-}73)$$

将控制器 (5-73) 给出的控制器 u 代入和系统 (5-70)，得到如下的系统

$$\begin{aligned} \dot{E}_1 &= 35(E_2 - E_1) + (y_2 y_3 y_4 + x_2 x_3 x_4) \\ \dot{E}_2 &= 10(E_1 + E_2) - (y_1 y_3 y_4 + x_1 x_3 x_4) + k(t) E_2 \\ \dot{E}_3 &= -E_3 + (y_1 y_2 y_4 + x_1 x_2 x_4) + k(t) E_3 \\ \dot{E}_4 &= -10 E_4 + (y_1 y_2 y_3 + x_1 x_2 x_3) \end{aligned} \qquad (5\text{-}74)$$

其中，$\dot{k}(t) = -\|E\|^2$。

下面进行数值仿真，选择主系统 (5-66) 的初值为 $x(0) = [-1, -2, 3, -4]$，从系统 (5-68) 的初值为 $y(0) = [8, -7, -6, -2]$，反馈增益的初值为 $k(0) = -1$。

图 5.4 显示了在上述控制器下，和系统渐近稳定，即主从系统达到了反同步。图 5.5 分别显示了主从系统的状态。图 5.6 显示了动态反馈增益收敛到一个合适的常数。

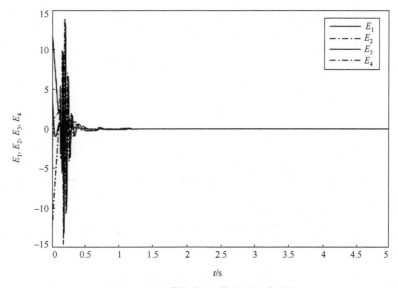

图 5.4 和系统渐近稳定（见彩图）

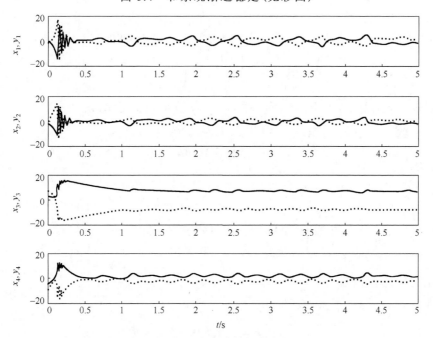

图 5.5 主从系统的状态图

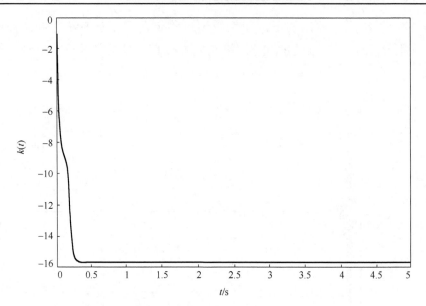

图 5.6　动态反馈增益收敛到一个合适的常数

例 5.3　考虑 BVP 混沌系统[19]

$$\dot{x} = f(x) \tag{5-75}$$

其中

$$x = \begin{pmatrix} x_1 \\ x_2 \\ x_3 \end{pmatrix}, \quad f(x) = \begin{pmatrix} f_1(x) \\ f_2(x) \\ f_3(x) \end{pmatrix} = \begin{pmatrix} x_1 - x_3 + \tanh(x_1) \\ -1.2x_2 + x_3 \\ x_1 - x_2 \end{pmatrix} \tag{5-76}$$

很显然，$f(-x) = -f(x)$，即系统 (5-75) 满足反同步的条件。

设系统 (5-75) 为主系统，则相应的从系统为

$$\dot{y} = f(y) + Bu \tag{5-77}$$

其中

$$y = \begin{pmatrix} y_1 \\ y_2 \\ y_3 \end{pmatrix}, \quad f(y) = \begin{pmatrix} y_1 - y_3 + \tanh(y_1) \\ -1.2y_2 + y_3 \\ y_1 - y_2 \end{pmatrix}, \quad B = \begin{pmatrix} 1 \\ 0 \\ 0 \end{pmatrix} \tag{5-78}$$

u 是待设计的控制器。

再令 $E = y + x$，则和系统为

$$\dot{E} = G(x, E) + Bu \tag{5-79}$$

其中

$$E = \begin{pmatrix} E_1 \\ E_2 \\ E_3 \end{pmatrix}, \quad G(x,E) = \begin{pmatrix} E_1 - E_3 + \tanh(x_1) + \tanh(E_1 - x_1) \\ -1.2E_2 + E_3 \\ E_1 - E_2 \end{pmatrix} \tag{5-80}$$

B 见式 (5-78)。

注意到，如果 $E_1 = 0$，则下面的二维系统

$$\begin{aligned} \dot{E}_2 &= -1.2E_2 + E_3 \\ \dot{E}_3 &= -E_2 \end{aligned} \tag{5-81}$$

是渐近稳定的。

因此，$(G(x,E),B)$ 可镇定。根据定理 5.1，设计的控制器为

$$u = k(t)B^{\mathrm{T}}E = k(t)(1,0,0)E = k(t)E_1 \tag{5-82}$$

将控制器 (5-82) 给出的控制器 u 代入和系统 (5-79)，得到如下的系统

$$\begin{aligned} \dot{E}_1 &= E_1 - E_3 + \tanh(x_1) + \tanh(E_1 - x_1) + k(t)E_1 \\ \dot{E}_2 &= -1.2E_2 + E_3 \\ \dot{E}_3 &= E_1 - E_2 \end{aligned} \tag{5-83}$$

其中，$\dot{k}(t) = -\|E\|^2$。

下面进行数值仿真，选择主系统 (5-75) 的初值为 $x(0) = [3, \ -4, \ 5]$，从系统 (5-77) 的初值为 $y(0) = [1, \ 2, \ -3]$，反馈增益的初值为 $k(0) = -1$。图 5.7 显示了

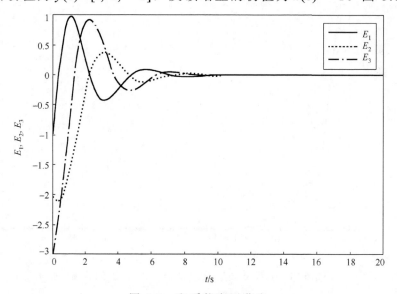

图 5.7　和系统渐近稳定

在上述控制器下，和系统渐近稳定，即主从系统达到了反同步。图 5.8 分别显示了主从系统的状态。图 5.9 显示了动态反馈增益收敛到一个合适的常数。

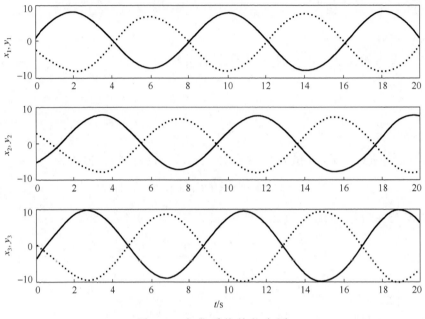

图 5.8　主从系统的状态图

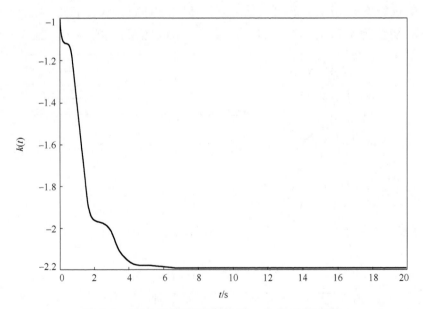

图 5.9　动态反馈增益收敛到一个合适的常数

例 5.4　考虑 Lorenz 系统[20]

$$\dot{z} = F(z) = \begin{pmatrix} 10(z_2 - z_1) \\ 28z_1 - z_2 - z_1z_3 \\ -\dfrac{8}{3}z_3 + z_1z_2 \end{pmatrix} \tag{5-84}$$

其中，$z = [z_1, z_2, z_3]^T$ 是系统的状态，$F(x) = [F_1(z), F_2(z), F_3(z)]^T$ 是连续的向量函数。

根据 $F(\alpha z) = \alpha F(z)$，得到如下的结果

$$\begin{cases} F_1(\alpha z) - \alpha_1 F_1(z) = 10(\alpha_2 - \alpha_1)z_2 \equiv 0 \\ F_2(\alpha z) - \alpha_2 F_2(z) = 28(\alpha_2 - \alpha_1)z_1 - (\alpha_1\alpha_3 - \alpha_2)z_1z_3 \equiv 0 \\ F_3(\alpha z) - \alpha_3 F_3(z) = (\alpha_1\alpha_2 - \alpha_3)z_1z_2 \equiv 0 \end{cases} \tag{5-85}$$

整理得到

$$\begin{cases} \alpha_2 = \alpha_1 \\ \alpha_1\alpha_3 = \alpha_2 \\ \alpha_1\alpha_2 = \alpha_3 \end{cases} \tag{5-86}$$

解方程 (5-86) 只得到如下的解

$$\beta^{(2)} = \begin{pmatrix} \alpha_1 \\ \alpha_2 \\ \alpha_3 \end{pmatrix} = \begin{pmatrix} -1 \\ -1 \\ 1 \end{pmatrix} = \begin{pmatrix} \alpha_{i_1} \\ \alpha_{i_2} \\ \alpha_{i_3} \end{pmatrix} \tag{5-87}$$

根据算法 5.1 得到如下的转化矩阵

$$T = \begin{pmatrix} \delta_3^{i_1} \\ \delta_3^{i_2} \\ \delta_3^{i_3} \end{pmatrix} = \begin{pmatrix} \delta_3^1 \\ \delta_3^2 \\ \delta_3^3 \end{pmatrix} = \begin{pmatrix} 1 & 0 & 0 \\ 0 & 1 & 0 \\ 0 & 0 & 1 \end{pmatrix} \tag{5-88}$$

做变换得

$$\begin{pmatrix} X \\ Z \end{pmatrix} = Tz$$

则 Lorenz 系统 (5-84) 将变为如下的系统

$$\dot{x} = f(x) \tag{5-89}$$

$$f(x) = \begin{pmatrix} G_1(x) \\ G_2(x) \end{pmatrix} = \begin{pmatrix} M(Z)X \\ G_2(X, Z) \end{pmatrix} \tag{5-90}$$

即

$$\dot{X} = M(Z)X \qquad\qquad (5\text{-}91)$$

$$\dot{Z} = G_2(X,Z) \qquad\qquad (5\text{-}92)$$

其中

$$M(Z) = \begin{pmatrix} -10 & 10 \\ 28-Z & -1 \end{pmatrix}, \quad G_2(X,Z) = X_1 X_2 - \frac{8}{3}Z \qquad (5\text{-}93)$$

则相应的从系统为

$$\dot{y} = f(y) + Bu \qquad\qquad (5\text{-}94)$$

$$f(y) = \begin{pmatrix} G_1(y) \\ G_2(y) \end{pmatrix} = \begin{pmatrix} M(Z)Y \\ G_2(y) \end{pmatrix}, \quad B = \begin{pmatrix} B_1 \\ B_2 \end{pmatrix} \qquad (5\text{-}95)$$

即

$$\dot{Y} = M(Z)Y + B_1 u \qquad\qquad (5\text{-}96)$$

$$\dot{Z} = G_2(X,Z) + B_2 u \qquad\qquad (5\text{-}97)$$

其中，$M(Z)$、$G_2(X,Z)$见式 (5-93)，

$$B_1 = \begin{pmatrix} 0 \\ 1 \end{pmatrix}, \quad B_2 = 0 \qquad\qquad (5\text{-}98)$$

再令 $E = X + Y$，则和系统为

$$\dot{E} = M(Z)E + B_1 u \qquad\qquad (5\text{-}99)$$

易验证 $(M(Z), B_1)$ 可控，进而得到 $(M(Z), B_1)$ 可镇定。根据定理 5.4，得到如下的镇定控制器

$$u = KE = k(t)B_1^{\mathrm{T}}E = k(t)(0, \quad 1)E = k(t)E_2 \qquad (5\text{-}100)$$

根据定理 5.5，得到如下的镇定控制器

$$u = K(Z)E = (Z-28, \quad 0)E = (Z-28)E_1 \qquad (5\text{-}101)$$

下面进行数值仿真，选择如下的初始条件：$X_1(0) = 1$，$X_2(0) = -2$，$Z(0) = 3$，$Y_1(0) = -4$，$Y_2(0) = 5$，$k(0) = -1$，应用 45 阶龙格库塔方法得到图 5.10～图 5.12。图 5.10 显示了和系统渐近稳定，即主从系统在上述控制器作用下实现了部分反

同步，图 5.11 分别显示了主系统和从系统的状态变化。从图 5.11 可看出，主从系统的状态达到了反同步。图 5.12 显示了动态反馈增益渐近地收敛到一个负常数。

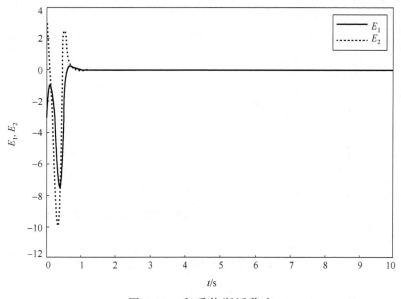

图 5.10　和系统渐近稳定

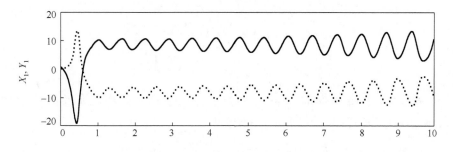

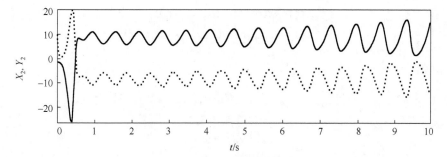

图 5.11　主从系统的状态图

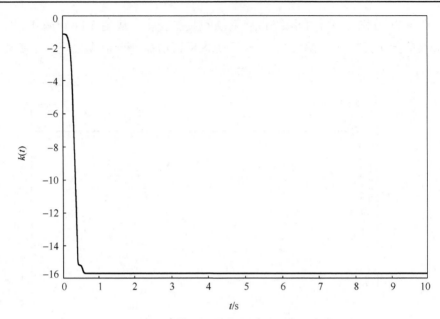

图 5.12　动态反馈增益渐近地收敛到一个负常数

例 5.5　考虑 Chen-Lee 系统[21]

$$\dot{z} = F(z) = \begin{pmatrix} 5z_1 - z_2 z_3 \\ z_1 z_3 - 10z_2 \\ \dfrac{1}{3} z_1 z_2 - 3.8 z_3 \end{pmatrix} \tag{5-102}$$

其中，$z = [z_1, z_2, z_3]^{\mathrm{T}}$ 是系统的状态，$F(z) = [F_1(z), F_2(z), F_3(z)]^{\mathrm{T}}$ 是连续的向量函数。

根据 $F(\alpha z) = \alpha F(z)$，得到如下的结果

$$\begin{cases} F_1(\alpha z) - \alpha_1 F_1(z) = -(\alpha_2 \alpha_3 - \alpha_1) z_2 z_3 \equiv 0 \\ F_2(\alpha z) - \alpha_2 F_2(z) = (\alpha_1 \alpha_3 - \alpha_2) z_1 z_3 \equiv 0 \\ F_3(\alpha z) - \alpha_3 F_3(z) = (\alpha_1 \alpha_2 - \alpha_3) z_1 z_2 \equiv 0 \end{cases} \tag{5-103}$$

整理得到

$$\begin{cases} \alpha_2 \alpha_3 = \alpha_1 \\ \alpha_1 \alpha_3 = \alpha_2 \\ \alpha_1 \alpha_2 = \alpha_3 \end{cases} \tag{5-104}$$

解方程 (5-104) 得到如下的三个解

$$\beta_1^{(2)} = \begin{pmatrix} \alpha_{i_1} \\ \alpha_{i_2} \\ \alpha_{i_3} \end{pmatrix} = \begin{pmatrix} \alpha_2 \\ \alpha_3 \\ \alpha_1 \end{pmatrix} = \begin{pmatrix} -1 \\ -1 \\ 1 \end{pmatrix} \tag{5-105}$$

$$\beta_2^{(2)} = \begin{pmatrix} \alpha_{i_1} \\ \alpha_{i_2} \\ \alpha_{i_3} \end{pmatrix} = \begin{pmatrix} \alpha_1 \\ \alpha_3 \\ \alpha_2 \end{pmatrix} = \begin{pmatrix} -1 \\ -1 \\ 1 \end{pmatrix} \tag{5-106}$$

$$\beta_3^{(2)} = \begin{pmatrix} \alpha_{i_1} \\ \alpha_{i_2} \\ \alpha_{i_3} \end{pmatrix} = \begin{pmatrix} \alpha_1 \\ \alpha_2 \\ \alpha_3 \end{pmatrix} = \begin{pmatrix} -1 \\ -1 \\ 1 \end{pmatrix} \tag{5-107}$$

对于 $\beta_1^{(2)}$，即 $\alpha_1 = 1$，$\alpha_2 = \alpha_3 = -1$。

根据算法 5.1 得到状态转化矩阵

$$T = \begin{pmatrix} \delta_3^{i_1} \\ \delta_3^{i_2} \\ \delta_3^{i_3} \end{pmatrix} = \begin{pmatrix} \delta_3^2 \\ \delta_3^3 \\ \delta_3^1 \end{pmatrix} = \begin{pmatrix} 0 & 1 & 0 \\ 0 & 0 & 1 \\ 1 & 0 & 0 \end{pmatrix} \tag{5-108}$$

做如下变换

$$\begin{pmatrix} X \\ Z \end{pmatrix} = Tz$$

则 Chen-Lee 系统 (5-102) 将变为如下的系统

$$\dot{x} = f(x) \tag{5-109}$$

其中

$$f(x) = \begin{pmatrix} G_1(x) \\ G_2(x) \end{pmatrix} = \begin{pmatrix} M(Z)X \\ G_2(X,Z) \end{pmatrix} \tag{5-110}$$

即

$$\dot{X} = M(Z)X \tag{5-111}$$

$$\dot{Z} = G_2(X,Z) \tag{5-112}$$

其中

$$M(Z) = \begin{pmatrix} -10 & Z \\ \frac{1}{3}Z & -3.8 \end{pmatrix}, \quad G_2(X,Z) = -X_1 X_2 + 5Z \tag{5-113}$$

则相应的从系统为

$$\dot{y} = f(y) + Bu \tag{5-114}$$

$$f(y) = \begin{pmatrix} G_1(y) \\ G_2(y) \end{pmatrix} = \begin{pmatrix} M(Z)Y \\ G_2(y) \end{pmatrix}, \quad B = \begin{pmatrix} B_1 \\ B_2 \end{pmatrix} \tag{5-115}$$

即

$$\dot{Y} = M(Z)Y + B_1 u \tag{5-116}$$

$$\dot{Z} = G_2(X,Z) + B_2 u \tag{5-117}$$

其中，$M(Z)$、$G_2(X,Z)$见式(5-113)，

$$B_1 = \begin{pmatrix} 0 \\ 1 \end{pmatrix}, \quad B_2 = 0 \tag{5-118}$$

令 $E = X + Y$，则和系统为

$$\dot{E} = M(Z)E + B_1 u \tag{5-119}$$

很容易验证 $(M(Z), B_1)$ 可控，进而得到 $(M(Z), B_1)$ 可镇定。根据定理 5.4，得到如下的镇定控制器

$$u = KE = k(t)B_1^T E = k(t)(0, \quad 1)E = k(t)E_2 \tag{5-120}$$

根据定理 5.5，得到如下的镇定控制器

$$u = K(Z)E = \left(-\frac{1}{3}, 0\right)E = -\frac{1}{3}E_1 \tag{5-121}$$

下面进行数值仿真，选择如下的初始条件：$X_1(0) = 1$，$X_2(0) = -2$，$Z(0) = 3$，$Y_1(0) = -4$，$Y_2(0) = 5$，$k(0) = -1$，应用 45 阶龙格库塔方法得到图 5.13～图 5.15。图 5.13 显示了和系统渐近稳定，即主从系统在上述控制器作用下实现了部分反同步，图 5.14 分别显示了主系统和从系统的状态变化。从图 5.14 可看出，主从系统的状态达到了反同步。图 5.15 显示了动态反馈增益渐近地收敛到一个负常数。

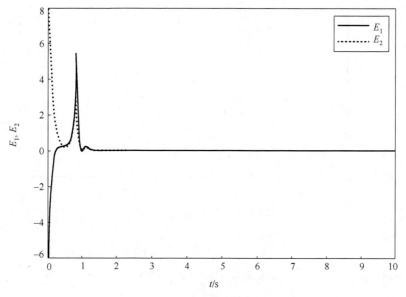

图 5.13　和系统渐近稳定

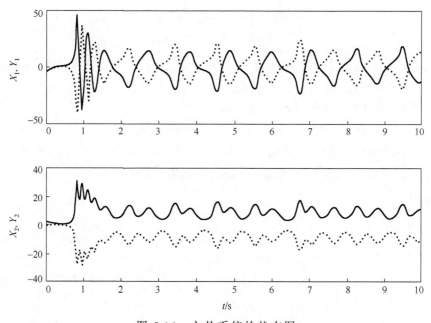

图 5.14　主从系统的状态图

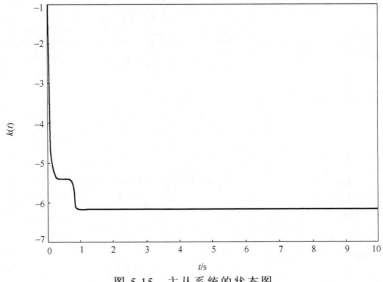

图 5.15 主从系统的状态图

对于 $\beta_2^{(2)}$ 和 $\beta_3^{(2)}$，可类似地设计出相应的控制器，这里不再列出。

例 5.6 考虑 Chen 超混沌系统[22]

$$\dot{z} = F(z) = \begin{pmatrix} -37z_1 + 37z_2 \\ -9z_1 - z_1z_3 + 26z_2 \\ -3z_3 + z_1z_2 + z_1z_3 - z_4 \\ -8z_4 + z_2z_3 - z_1z_3 \end{pmatrix} \tag{5-122}$$

其中，$z = [z_1, \cdots, z_4]^{\mathrm{T}}$ 是系统的状态，$F(z) = [F_1(z), \cdots, F_4(z)]^{\mathrm{T}}$ 是连续的向量函数。$F(\alpha z) = \alpha F(z)$，得到如下的结果

$$\begin{cases} F_1(\alpha z) - \alpha_1 F_1(z) = (\alpha_2 - \alpha_1)z_2 \equiv 0 \\ F_2(\alpha z) - \alpha_2 F_2(z) = -9(\alpha_2 - \alpha_1)z_2 - (\alpha_1\alpha_3 - \alpha_2)z_1z_3 \equiv 0 \\ F_3(\alpha z) - \alpha_3 F_3(z) = (\alpha_1\alpha_2 - \alpha_3)z_1z_2 - (\alpha_1\alpha_3 - \alpha_3)z_1z_3 - (\alpha_3 - \alpha_4)z_4 \equiv 0 \\ F_4(\alpha z) - \alpha_4 F_4(z) = (\alpha_2\alpha_3 - \alpha_4)z_2z_3 - (\alpha_1\alpha_3 - \alpha_4)z_1z_3 \equiv 0 \end{cases} \tag{5-123}$$

整理得到

$$\begin{cases} \alpha_2 = \alpha_1 \\ \alpha_1\alpha_3 = \alpha_2 \\ \alpha_3 = \alpha_4 \\ \alpha_1\alpha_2 = \alpha_3 \\ \alpha_1 = 1 \\ \alpha_2\alpha_3 = \alpha_4 \\ \alpha_1\alpha_3 = \alpha_4 \end{cases} \tag{5-124}$$

解方程(5-124)只得到如下的一个解

$$\begin{pmatrix} \alpha_1 \\ \alpha_2 \\ \alpha_3 \\ \alpha_4 \end{pmatrix} = \begin{pmatrix} 1 \\ 1 \\ 1 \\ 1 \end{pmatrix} \tag{5-125}$$

即整个系统不能实现反同步。

根据算法 5.2，得到

$$\Gamma_1^2 = \begin{pmatrix} \alpha_1 \\ \alpha_2 \\ \alpha_3 \\ \alpha_4 \end{pmatrix} = \begin{pmatrix} -1 \\ -1 \\ 1 \\ 1 \end{pmatrix} \tag{5-126}$$

是方程组

$$\begin{cases} \alpha_2 = \alpha_1 \\ \alpha_1 \alpha_3 = \alpha_2 \end{cases} \tag{5-127}$$

的唯一解。

根据算法 5.2，得到状态转化矩阵

$$T = \begin{pmatrix} 1 & 0 & 0 & 0 \\ 0 & 1 & 0 & 0 \\ 0 & 0 & 1 & 0 \\ 0 & 0 & 0 & 1 \end{pmatrix} \tag{5-128}$$

做变换

$$\begin{pmatrix} X \\ Z \end{pmatrix} = Tz$$

则 Chen 超混沌系统(5-122)将变为如下的系统

$$\dot{x} = f(x) \tag{5-129}$$

其中

$$f(x) = \begin{pmatrix} G_1(x) \\ G_2(x) \end{pmatrix} = \begin{pmatrix} M(Z)X \\ G_2(X,Z) \end{pmatrix} \tag{5-130}$$

即

$$\dot{X} = M(Z)X \tag{5-131}$$

$$\dot{Z} = G_2(X, Z) \tag{5-132}$$

其中

$$M(Z) = \begin{pmatrix} -37 & 37 \\ -9 - Z_3 & 26 \end{pmatrix} \tag{5-133}$$

$$G_2(X, Z) = \begin{pmatrix} -3Z_3 + X_1 X_2 + X_1 Z_3 - Z_4 \\ -38Z_4 + X_2 Z_3 - X_1 Z_3 \end{pmatrix} \tag{5-134}$$

则相应的从系统为

$$\dot{y} = f(y) + Bu \tag{5-135}$$

其中

$$f(y) = \begin{pmatrix} G_1(y) \\ G_2(y) \end{pmatrix} = \begin{pmatrix} M(Z)Y \\ G_2(y) \end{pmatrix}, \quad B = \begin{pmatrix} B_1 \\ B_2 \end{pmatrix} \tag{5-136}$$

即

$$\dot{Y} = M(Z)Y + B_1 u \tag{5-137}$$

$$\dot{Z} = G_2(Y, Z) + B_2 u \tag{5-138}$$

其中，$M(Z)$、$G_2(X, Z)$ 分别见式 (5-133) 和式 (5-134)，

$$B_1 = \begin{pmatrix} 0 \\ 1 \end{pmatrix}, \quad B_2 = \begin{pmatrix} 0 \\ 0 \end{pmatrix} \tag{5-139}$$

令 $E = X + Y$，则和系统为

$$\dot{E} = M(Z)E + B_1 u \tag{5-140}$$

很容易验证 $(M(Z), B_1)$ 可控，进而得到 $(M(Z), B_1)$ 可镇定。根据定理 5.4，得到如下的镇定控制器

$$u = KE = k(t)B_1^{\mathrm{T}} E = k(t)(0,1)E = k(t)E_2 \tag{5-141}$$

根据定理 5.5，得到如下的镇定控制器

$$u = K(Z)E = (Z_3 + 9, \quad -27)E = (Z_3 + 9)E_1 - 27E_2 \tag{5-142}$$

下面进行数值仿真，选择如下的初始条件：$X_1(0) = 1$，$X_2(0) = -2$，$Z_3(0) = 3$，

$Z_4(0) = -4$ ，　$Y_1(0) = -5$ ，　$Y_2(0) = 6$ ，　$k(0) = -1$ ，应用 45 阶龙格库塔方法得到图 5.16～图 5.18。图 5.16 显示了和系统渐近稳定，即主从系统在上述控制器作用下实现了部分反同步，图 5.17 分别显示了主系统和从系统的状态变化。从图 5.17 可看出，主从系统的状态达到了反同步。图 5.18 显示了动态反馈增益渐近地收敛到一个负常数。

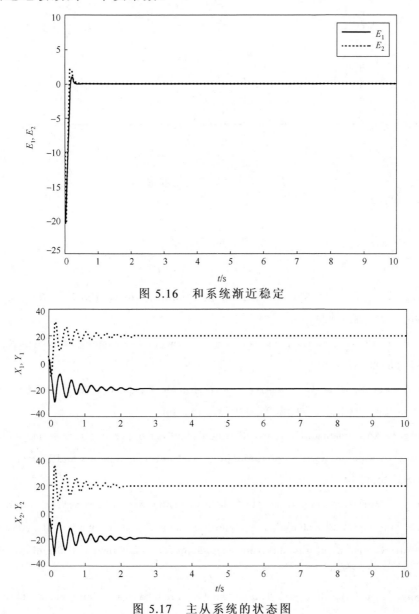

图 5.16　和系统渐近稳定

图 5.17　主从系统的状态图

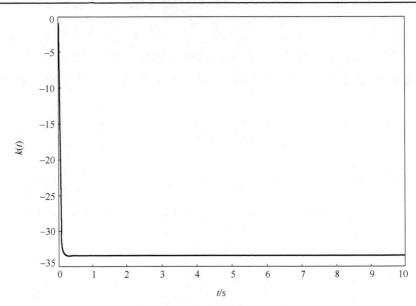

图 5.18　主从系统的状态图

参 考 文 献

[1]　Pecora L, Carroll T. Synchronization in chaotic systems. Physical Review Letters, 1990, 64(8): 821-824.

[2]　Cao L Y, Lai Y C. Anti-phase synchronism in chaotic systems. Physical Review E, 1998, 58(1): 382-386.

[3]　Hu J, Chen S, Chen L. Adaptive control for anti-synchronization of Chua's chaotic system. Physics Letters A, 2005, 339(6): 455-460.

[4]　Wang Z. Anti-synchronization in two non-identical hyperchaotic systems with known or unknown parameters. Communications on Nonlinear Science and Numerical Simulations, 2009, 14(5): 2366-2372.

[5]　Pan L, Zhou W, Fang J, et al. Synchronization and anti-synchronization of new uncertain fractional-order modified unified chaotic systems via novel active pinning control. Communications on Nonlinear Science and Numerical Simulations, 2010, 15(12): 3754-3762.

[6]　Zhang Q, Lu J H, Chen S H. Coexistence of anti-phase and complete synchronization

in the generalized Lorenz system. Communications on Nonlinear Science and Numerical Simulations, 2010, 15(11): 3067-3072.

[7] Al-sawalha M M, Noorani M S M, Al-dlalah M M. Adaptive anti-synchronization of chaotic systems with fully unknown parameters. Computers and Mathematics with Applications, 2010, 59(10): 3234-3244.

[8] Fu G, Li Z. Robust adaptive anti-synchronization of two different hyperchaotic systems with external uncertainties. Communications on Nonlinear Science and Numerical Simulations, 2011, 16(1): 395-401.

[9] Hammam S, Benrejeb M, Feki M, et al. Feedback control design for Rossler and Chen chaotic systems anti-synchronization. Physics Letters A, 2010, 374(28): 2835-2840.

[10] Huang C, Cao J. Active control strategy for synchronization and anti-synchronization of a fractional chaotic financial system. Physica A, 2017, 4731(5): 262-275.

[11] Liu D, Zhu S, Sun K. Anti-synchronization of complex-valued memristor-based delayed neural networks. Neural Networks, 2018, 105(9): 1-13.

[12] Wang L, Chen T. Finite-time anti-synchronization of neural networks with time-varying delays. Neurocomputing, 2018, 27531(1): 1595-1600.

[13] Mahmoud E E, Abo-Dahab S M. Dynamical properties and complex anti synchronization with applications to secure communications for a novel chaotic complex nonlinear model. Chaos, Solitons and Fractals, 2018, 106(1): 273-284.

[14] Jia B, Wu Y, He D, et al. Dynamics of transitions from anti-phase to multiple in-phase synchronizations in inhibitory coupled bursting neurons. Nonlinear Dynamics, 2018, 93(3): 1599-1618.

[15] Zhang X, Niu P, Hu X, et al. Global quasi-synchronization and global anti-synchronization of delayed neural networks with discontinuous activations via non-fragile control strategy. Neurocomputing, 2019, 3617(10): 1-9.

[16] Huang Y, Hou J, Yang E. General decay lag anti-synchronization of multi-weighted delayed coupled neural networks with reaction-diffusion terms. Information Sciences, 2020, 511(2): 36-57.

[17] Ren L, Guo R W. A necessary and sufficient condition of anti-synchronization for chaotic systems and its applications. Mathematical Problems in Engineering, 2015, 434651: 1-7.

[18] Guo R W. A simple adaptive controller for chaos and hyperchaos synchronization.

Physics Letters A, 2008, 372(34): 5593-5597.

[19] Guo R W. Projective synchronization of a class of chaotic systems by dynamic feedback control method. Nonlinear Dynamics, 2017, 90(1): 53-64.

[20] Lorenz E N. Deterministic nonperiodic flow. Journal of Atmospheric Science, 1963, 20(2): 130-141.

[21] Chen J H. Controlling chaos and chaotification in the Chen-Lee system by multiple time delays. Chaos, Solitons and Fractals, 2008, 36(4): 843-852.

[22] Yan Z Y, Yu P. Hyperchaos synchronization and control on a new hyperchaotic attractor. Chaos, Solitons and Fractals, 2008, 35(2): 333-345.

第 6 章　混沌系统的同时同步和反同步

6.1　引　　言

自混沌同步的 PC 方法[1]问世以来，关于混沌系统的各种同步问题也接踵而至[2-14]。然而，前几章介绍的同步问题是同一类型的同步，比如完全同步，主系统的所有变量和从系统的相应变量之间都是达到步调一致。再如反同步，主系统的所有变量和从系统的相应变量之间都是达到互为相反数。

实际上，各种类型的同步同时存在是比较普遍的[15-19]。近年来，一类新的同步现象：同时同步与反同步（也可称为同步和反同步共同存在）问题在 Lorenz 系统中被发现[20]。即主 Lorenz 系统的两个变量 x_1, x_2 反同步于从系统的两个相应变量 y_1, y_2，而同时主 Lorenz 系统的变量 x_3 同步于从系统的相应变量 y_3。也就是说，两种不同类型的同步问题在一个系统中发生了。这种新类型的同步问题不仅在理论上具有重要意义，而且在实际中也具有重大价值。但是，什么样的系统才能实现这种新类型的同步呢？在文献[20]中，作者仅仅发现了 Lorenz 系统存在这种新类型的同步问题，并没有给出任何其他的理论结果。因此，如何判断一个给定的混沌系统是否存在同时同步和反同步问题，以及如果该问题存在，一共有多少种情况。进一步，如果这种类型的同步问题存在，如何设计形式上简单而且在物理上可实现的控制器也是一个非常重要的问题。

本章将研究一个混沌系统的同时同步和反同步问题。首先，给出了对于一个给定混沌系统，其同时同步和反同步问题存在性的一个充要条件，并给出了一个算法来求解该类型同步问题的所有解。在上述类型同步问题存在的条件下，研究如何设计形式上简单而且在物理上可实现的控制器。数值例子以及仿真的结果验证了上述理论结果的正确性和有效性。

6.2　混沌系统的同时同步和反同步问题

6.2.1　预备知识

考虑如下混沌系统

$$\dot{X} = F(X) \tag{6-1}$$

其中，$X \in \mathbf{R}^n$ 是状态向量，$F(X) \in \mathbf{R}^n$ 是连续向量函数，即

$$X = \begin{pmatrix} X^E \\ X^e \end{pmatrix}, \quad F(X) = \begin{pmatrix} F^E(X) \\ F^e(X) \end{pmatrix} = \begin{pmatrix} F^E(X^E, X^e) \\ F^e(X^E, X^e) \end{pmatrix} \tag{6-2}$$

$X^E \in \mathbf{R}^m$，$X^e \in \mathbf{R}^{n-m}$，$m \geqslant 1$，$F^E(X) \in \mathbf{R}^m$，$F^e(X) \in \mathbf{R}^{n-m}$。

对于系统(6-1)，从系统为

$$\dot{Y} = F(Y) + Bu \tag{6-3}$$

其中，$Y \in \mathbf{R}^n$ 是状态向量，$F(Y) \in \mathbf{R}^n$ 是一个连续向量函数，$B \in \mathbf{R}^{n \times r}$ 是一个常数矩阵，$r \geqslant 1$，$u \in \mathbf{R}^r$ 是设置的控制器，即

$$Y = \begin{pmatrix} Y^E \\ Y^e \end{pmatrix}, \quad F(Y) = \begin{pmatrix} F^E(Y) \\ F^e(Y) \end{pmatrix} = \begin{pmatrix} F^E(Y^E, Y^e) \\ F^e(Y^E, Y^e) \end{pmatrix}, \quad B = \begin{pmatrix} B^E \\ B^e \end{pmatrix} \tag{6-4}$$

其中，$Y^E \in \mathbf{R}^m$，$Y^e \in \mathbf{R}^{n-m}$，$m \geqslant 1$，$F^E(Y) \in \mathbf{R}^m$，$F^e(Y) \in \mathbf{R}^{n-m}$。

令 $E^E = X^E + Y^E$ 和 $E^e = X^e - Y^e$，则和与误差系统为

$$\dot{E} = G(X, Y, E) + Bu \tag{6-5}$$

其中，$E \in \mathbf{R}^n$ 是系统的状态向量，

$$E = \begin{pmatrix} E^E \\ E^e \end{pmatrix} \tag{6-6}$$

和

$$G(X, Y, E) = \begin{pmatrix} G^E(X, Y, E) \\ G^e(X, Y, E) \end{pmatrix} = \begin{pmatrix} F^E(Y^E, Y^e) + F^E(X^E, X^e) \\ F^E(Y^E, Y^e) - F^E(X^E, X^e) \end{pmatrix} \tag{6-7}$$

即

$$\dot{E}^E = F^E(Y^E, Y^e) + F^E(X^E, X^e) + B^E u \tag{6-8}$$

$$\dot{E}^e = F^e(Y^E, Y^e) - F^e(X^E, X^e) + B^e u \tag{6-9}$$

B 见式(6-4)。

下面给出混沌系统同时同步和反同步的定义。

定义 6.1　考虑到和系统(6-8)和误差系统(6-9)。如果 $\lim_{t\to\infty} \| E^E(t) \| = 0$ 且 $\lim_{t\to\infty} \| E^e(t) \| = 0$，那么主系统(6-1)和从系统(6-3)实现了同时同步和反同步。

对于设计形式简单而且物理上可实现的控制器，应用动态增益反馈控制方法，即定理 2.2。

6.2.2　问题的描述

考虑如下混沌系统

$$\dot{x} = f(x) \tag{6-10}$$

本章的主要目的是在以下三个方面的研究给定混沌系统(6-10)的同时同步和反同步问题。

(1)同时同步和反同步存在的充要条件。

(2)如果给定混沌系统的同时同步和反同步问题存在，那么一共有多少个解。

(3)混沌系统的同时同步和反同步问题的实现，即如何设计一个形式简单而且物理上可实现的控制器。

6.2.3　理论结果

首先，给出混沌系统同时同步和反同步的存在性的一个充要条件。

定理 6.1　考虑混沌系统(6-10)。该系统的同时同步和反同步问题可以通过以下控制器来实现

$$u = H(E^E, E^e, X), \quad H(0,0,X) = 0 \tag{6-11}$$

的充要条件是

$$F^E(X^E, X^e) = -F^E(-X^E, X^e) \tag{6-12}$$

$$F^e(X^E, X^e) = F^E(-X^E, X^e) \tag{6-13}$$

证明：必要性。

根据非线性控制理论，$E^E = 0$ 和 $E^e = 0$ 应分别是以下系统的平衡点

$$\begin{aligned}
\dot{E}^E &= F^E(Y^E, Y^e) + F^E(X^E, X^e) \\
&= F^E(E^E - X^E, E^e + X^e) + F^E(X^E, X^e)
\end{aligned} \tag{6-14}$$

$$\begin{aligned}
\dot{E}^e &= F^e(Y^E, Y^e) + F^e(X^E, X^e) \\
&= F^e(E^E - X^E, E^e + X^e) - F^E(X^E, X^e)
\end{aligned} \tag{6-15}$$

因此得到

$$F^E(-X^E, X^e) + F^E(X^E, X^e) = 0, \quad F^e(-X^E, X^e) - F^E(X^E, X^e) = 0$$

从而，式(6-12)和式(6-13)成立。

充分性。

如果式(6-12)和式(6-13)成立，说明 $E^E = 0$ 和 $E^e = 0$ 分别是系统(6-14)和系统(6-15)的平衡点。因此，式(6-11)给出的控制器 u 可以实现给定混沌系统同时同步和反同步问题。

特别地，如果

$$F(X) = \begin{pmatrix} F^E(X^E, X^e) \\ F^e(X^E, X^e) \end{pmatrix} = \begin{pmatrix} M(X^e)X^E \\ N(X^E)X^e \end{pmatrix} \tag{6-16}$$

其中，$N(-X^E) = -N(-X^E)$，则系统(6-1)变为

$$\begin{aligned}
\dot{X}^E &= M(X^e)X^E \\
\dot{X}^e &= N(X^E)X^e
\end{aligned} \tag{6-17}$$

很显然，系统(6-17)的同时同步和反同步问题存在。

接下来，研究如何判断混沌系统(6-10)的同时同步和反同步问题的存在性，进一步，如果该问题存在，如何将其转化成系统(6-1)的形式。

定理 6.2 考虑混沌系统(6-10)。其同时同步和反同步问题存在的充要条件是下面关于 α 的代数方程组

$$\begin{cases} f_1(\alpha x) \equiv \alpha_1 f_1(x) \\ f_2(\alpha x) \equiv \alpha_2 f_2(x) \\ \quad\vdots \\ f_n(\alpha x) \equiv \alpha_n f_n(x) \end{cases} \tag{6-18}$$

有以下形式的解

$$
\beta^{(s)} = \begin{pmatrix} \alpha_{i_1} \\ \vdots \\ \alpha_{i_{s-1}} \\ \alpha_{i_s} \\ \alpha_{i_{s+1}} \\ \vdots \\ \alpha_{i_n} \end{pmatrix} = \begin{pmatrix} -1 \\ -1 \\ \vdots \\ -1 \\ 1 \\ \vdots \\ 1 \end{pmatrix} \leftarrow s \tag{6-19}
$$

其中，$s \geq 1$ 是 $\alpha_{i_j} = -1$ 的个数，$i_j \in \Lambda = \{1,2,\cdots,n\}, j=1,2,\cdots,n$，且 α 如下

$$
\alpha = \begin{pmatrix} \alpha_1 & 0 & 0 & \cdots & 0 \\ 0 & \alpha_2 & 0 & \cdots & 0 \\ 0 & 0 & \alpha_3 & \cdots & 0 \\ \vdots & \vdots & \vdots & & \vdots \\ 0 & 0 & 0 & \cdots & \alpha_n \end{pmatrix} \tag{6-20}
$$

$|\alpha_i| = 1, i \in \Lambda$。

　　证明：对于主系统 (6-10)，其相应的未控从系统为

$$
\dot{y} = f(y) \tag{6-21}
$$

其中，$y \in \mathbf{R}^n$ 是系统的状态变量。

　　令 $e = y - \alpha x$，则和与误差系统为

$$
\dot{e} = f(y) - \alpha f(x) \tag{6-22}
$$

其中，$e \in \mathbf{R}^n$ 是系统的状态变量。

　　根据非线性系统控制理论，混沌系统 (6-10) 的同时同步和反同步问题存在，则当且仅当 $e=0$ 是系统 (6-22) 的平衡点时，即

$$
f(y) - \alpha f(x) = f(\alpha x) - \alpha f(x) \equiv 0
$$

　　证毕。

　　然后，将研究给定混沌系统 (6-10) 的同时同步和反同步问题的解。

　　通过求解式 (6-18)，可以得到给定混沌系统 (6-10) 的同时同步和反同步问题的所有解。

　　最后，在证明了给定混沌系统 (6-10) 的同时同步和反同步问题的存在性

后，研究如何找到一个非奇异变换矩阵 T 将系统 (6-10) 转化为系统 (6-1)。

一般地，根据关于 α 代数方程组 (6-18) 的解，通过以下算法可得到变换矩阵 T。

算法 6.1　$k=1$，令 s 为 $\alpha_j=-1$ 的个数，$j \in \Lambda$，定义

$$\min\{j \mid \alpha_j = -1, j \in \Lambda\} \stackrel{\text{def}}{=} i_k \tag{6-23}$$

当 $k \leqslant s$ 时，重复如下步骤

$$k = k+1 \tag{6-24}$$

$$\min_{j \in \Lambda}\{\alpha_j = -1, j \neq i_1, i_2, \cdots, j_{k-1}\} \stackrel{\text{def}}{=} i_k \tag{6-25}$$

则，令

$$X^E = \begin{pmatrix} X_1^E \\ X_2^E \\ \vdots \\ X_s^E \end{pmatrix} = \begin{pmatrix} x_{i_1} \\ x_{i_2} \\ \vdots \\ x_{i_s} \end{pmatrix} \tag{6-26}$$

然后

$$k = s+1 \tag{6-27}$$

$$\min\{j \mid \alpha_j = 1, j \in \Lambda\} \stackrel{\text{def}}{=} i_k \tag{6-28}$$

当 $k \leqslant n$ 时，重复如下步骤

$$k = k+1 \tag{6-29}$$

$$\min\{\alpha_j = 1, j \neq i_{s+1}, i_{s+2}, \cdots, i_{k-1}, j \in \Lambda\} \stackrel{\text{def}}{=} i_k \tag{6-30}$$

然后，令

$$X^e = \begin{pmatrix} X_{s+1}^e \\ X_{s+2}^e \\ \vdots \\ X_n^e \end{pmatrix} = \begin{pmatrix} x_{i_{s+1}} \\ x_{i_{s+2}} \\ \vdots \\ x_{i_n} \end{pmatrix} \tag{6-31}$$

通过算法 6.1，得到下面的非奇异变换矩阵 T

$$T = \begin{pmatrix} \delta_n^{i_1} \\ \vdots \\ \delta_n^{i_s} \\ \vdots \\ \delta_n^{i_n} \end{pmatrix} \tag{6-32}$$

$$\delta_n^i = \underset{\underset{i_1}{\uparrow}}{(0, \quad \cdots, \quad 0, \quad 1, \quad 0, \quad \cdots, \quad 0)} \in \mathbf{R}^n \tag{6-33}$$

其中，$i_j \in \Lambda, j = 1, 2, \cdots, n$，即 δ_n^i 是 n 阶单位矩阵 I_n 的第 i_1 行，$i_1 \in \Lambda$。

例如，对于混沌系统 $\dot{x} = f(x)$，$x \in \mathbf{R}^3$，$f(x) \in \mathbf{R}^3$。如果 $\alpha_1 = -1$，$\alpha_2 = 1$，$\alpha_3 = -1$，则得到 $s = 2$，$i_1 = 1$，$i_2 = 3$，$i_3 = 2$。通过算法 6.1，得到

$$T = \begin{pmatrix} \delta_3^{i_1} \\ \delta_3^{i_2} \\ \delta_3^{i_3} \end{pmatrix} = \begin{pmatrix} \delta_3^1 \\ \delta_3^3 \\ \delta_3^2 \end{pmatrix} = \begin{pmatrix} 1 & 0 & 0 \\ 0 & 0 & 1 \\ 0 & 1 & 0 \end{pmatrix} \tag{6-34}$$

做变换 $X = Tx$，则系统 $\dot{x} = f(x)$ 转换为以下系统

$$\dot{X} = F(X) \tag{6-35}$$

其中

$$X = \begin{pmatrix} X_1 \\ X_2 \\ X_3 \end{pmatrix} = \begin{pmatrix} X^E \\ X^e \end{pmatrix} = Tx = \begin{pmatrix} x_1 \\ x_2 \\ x_3 \end{pmatrix} \tag{6-36}$$

$$F(X) = \begin{pmatrix} F_1(X) \\ F_2(X) \\ F_3(X) \end{pmatrix} = \begin{pmatrix} F^E(E^E, E^e) \\ F^e(X^E, X^e) \end{pmatrix} = Tf(x) = \begin{pmatrix} f_1(x) \\ f_2(x) \\ f_3(x) \end{pmatrix} \tag{6-37}$$

6.2.4　同时同步和反同步问题的实现

本节设计了一个简单的物理上可实现的控制器来实现同步和反同步的共同存在。

根据文献[11]的结论，本节提出了以下定理。

定理 **6.3**　考虑和系统 (6-8) 和误差系统 (6-9)。如果 $(G(X,Y,E),B)$ 是可控的，则设计如下的控制器

$$u = KE \tag{6-38}$$

其中，$K = k(t)B^{\mathrm{T}}$，$k(t)$ 满足如下的更新率

$$\dot{k} = -\|E\|^2 \tag{6-39}$$

这表明主系统 (6-1) 和从系统 (6-3) 达到同步和反同步共同存在。

证明：因为 $(G(X,Y,E),B)$ 可控，得到 $(G(X,Y,E),B)$ 可镇定。因此，根据定理 2.2，式 (6-41) 给出的控制器 u 即为所求。

6.2.5　数值例子及仿真

例 **6.1**　考虑 Lorenz 系统

$$\dot{x} = F(x) = \begin{pmatrix} 10(x_2 - x_1) \\ 28x_1 - x_2 - x_1x_3 \\ -\dfrac{8}{3}x_3 + x_1x_2 \end{pmatrix} \tag{6-40}$$

其中，$x = [x_1, x_2, x_3]^{\mathrm{T}}$ 是系统的状态，$f(x) = [f_1(x), f_2(x), f_3(x)]^{\mathrm{T}}$ 是连续的向量函数。

根据 $F(\alpha x) = \alpha F(x)$，得到关于 α 的代数方程组

$$\begin{cases} f_1(\alpha x) - \alpha_1 f_1(y) = 10(\alpha_2 - \alpha_1)x_2 \equiv 0 \\ f_2(\alpha x) - \alpha_2 f_2(y) = 28(\alpha_2 - \alpha_1)x_1 - (\alpha_1\alpha_3 - \alpha_2)x_1x_3 \equiv 0 \\ f_3(\alpha x) - \alpha_3 f_3(y) = (\alpha_1\alpha_2 - \alpha_3)x_1x_2 \equiv 0 \end{cases} \tag{6-41}$$

整理得到

$$\begin{cases} \alpha_2 = \alpha_1 \\ \alpha_1\alpha_3 = \alpha_2 \\ \alpha_1\alpha_2 = \alpha_3 \end{cases} \tag{6-42}$$

解方程 (6-42) 得到如下的解

$$\beta^{(2)} = \begin{pmatrix} \alpha_1 \\ \alpha_2 \\ \alpha_3 \end{pmatrix} = \begin{pmatrix} -1 \\ -1 \\ 1 \end{pmatrix}, \quad \beta^{(0)} = \begin{pmatrix} \alpha_1 \\ \alpha_2 \\ \alpha_3 \end{pmatrix} = \begin{pmatrix} 1 \\ 1 \\ 1 \end{pmatrix} \tag{6-43}$$

解 $\beta^{(2)}$ 说明系统 (6-43) 的同时同步和反同步问题存在。

根据算法 6.1，得到如下的变换矩阵

$$T = \begin{pmatrix} \delta_3^{i_1} \\ \delta_3^{i_2} \\ \delta_3^{i_3} \end{pmatrix} = \begin{pmatrix} \delta_3^1 \\ \delta_3^2 \\ \delta_3^3 \end{pmatrix} = \begin{pmatrix} 1 & 0 & 0 \\ 0 & 1 & 0 \\ 0 & 0 & 1 \end{pmatrix} \tag{6-44}$$

做如下的变换

$$X = \begin{pmatrix} X^E \\ X^e \end{pmatrix} = Tx \tag{6-45}$$

Lorenz 系统 (6-40) 转化为如下的两个子系统

$$\dot{X}^E = F^E(X) \tag{6-46}$$

$$\dot{X}^e = F^e(X) \tag{6-47}$$

其中

$$F^E(X) = M(X^e)X^E, \quad M(X^e) = \begin{pmatrix} -10 & 10 \\ 28 - X^e & -1 \end{pmatrix} \tag{6-48}$$

$$F^e(X) = -\frac{8}{3}X^e + X_1^E X_2^E \tag{6-49}$$

则相应的从系统为

$$\dot{Y} = F(Y) + Bu \tag{6-50}$$

其中

$$Y = \begin{pmatrix} Y^E \\ Y^e \end{pmatrix}, \quad F(Y) = \begin{pmatrix} F^E(Y) \\ F^e(Y) \end{pmatrix} \tag{6-51}$$

$$F^E(Y) = M(Y^e)Y^E, \quad M(Y^e) = \begin{pmatrix} -10 & 10 \\ 28 - Y^e & -1 \end{pmatrix} \tag{6-52}$$

$$F^e(Y) = -\frac{8}{3}Y^e + Y_1^E Y_2^E \tag{6-53}$$

$$B = \begin{pmatrix} B^E \\ B^e \end{pmatrix} = \begin{pmatrix} B^E \\ 0 \end{pmatrix}, \quad B^E = \begin{pmatrix} 0 \\ 1 \end{pmatrix}, \quad B^e = 0 \tag{6-54}$$

令 $E^E = X^E + Y^E, E^e = Y^E - X^e$，则和与误差系统为

$$\dot{E} = G(X,Y,E) + Bu \tag{6-55}$$

其中

$$E = \begin{pmatrix} E^E \\ E^e \end{pmatrix} \tag{6-56}$$

B 见式(6-54)，u 是待设计的控制器。

考虑未控和与误差系统

$$\begin{aligned}
\dot{E}_1^E &= -10E_1^E + 10E_2^E \\
\dot{E}_2^E &= 28E_1^E - E_2^E - E_1^E E_3^E - X_3^e E_1^E + X_1^E E_3^e \\
\dot{E}_3^e &= -\frac{8}{3}E_3^e + E_1^E E_2^E - X_1^E E_2^E - X_2^E E_1^E
\end{aligned} \tag{6-57}$$

注意到，如果 $E_2^E = 0$，则下面的系统

$$\begin{aligned}
\dot{E}_1^E &= -10E_1^E \\
\dot{E}_3^e &= -\frac{8}{3}E_3^e - X_2^E E_1^E
\end{aligned}$$

渐近稳定。

因此，$(G(X,Y,E),B)$ 可镇定。根据定理 6.3，得到如下的控制器

$$u = KE = k(t)B^{\mathrm{T}}E = k(t)(0,\quad 1,\quad 0)E = k(t)E_2^E \tag{6-58}$$

即受控的和与误差系统如下

$$\begin{aligned}
\dot{E}_1^E &= -10E_1^E + 10E_2^E \\
\dot{E}_2^E &= 28E_1^E - E_2^E - E_1^E E_3^E - X_3^e E_1^E + X_1^E E_3^e + k(t)E_2^E \\
\dot{E}_3^e &= -\frac{8}{3}E_3^e + E_1^E E_2^E - X_1^E E_2^E - X_2^E E_1^E
\end{aligned} \tag{6-59}$$

动态增益 $k(t)$ 满足 $\dot{k}(t) = -\|E\|^2$。

下面进行数值仿真，选择如下的初始条件：$x_1(0) = 1$，$x_2(0) = -2$，$x_3(0) = 3$，$y_1(0) = 5$，$y_2(0) = -6$，$y_3(0) = 7$，$k(0) = -1$。应用 45 阶龙格库塔方法得到图 6.1～图 6.3。图 6.1 显示了和与误差系统渐近稳定，即主从系统在上述控制器作用下实现了同时同步和反同步。图 6.2 分别显示了主系统和从系统的状态图。图 6.3 显示了动态反馈增益渐近地收敛到一个负常数。

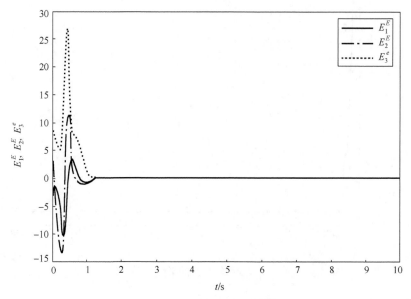

图 6.1　和与误差系统渐近稳定

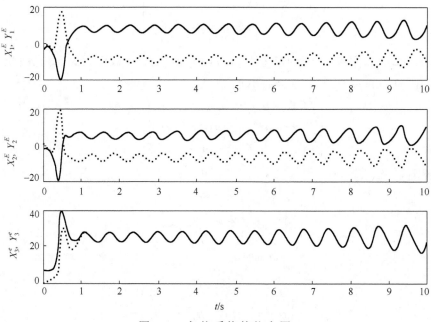

图 6.2　主从系统的状态图

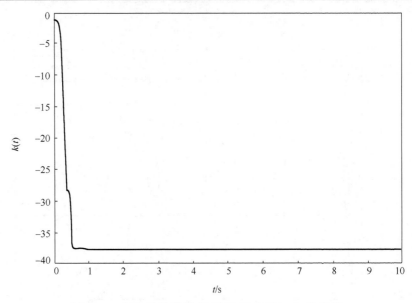

图 6.3　动态反馈增益渐近地收敛到一个负常数

例 6.2　考虑 Chen-Lee 系统

$$\dot{x} = f(x) = \begin{pmatrix} 5x_1 - x_2 x_3 \\ x_1 x_3 - 10 x_2 \\ \dfrac{1}{3} x_1 x_2 - 3.8 x_3 \end{pmatrix} \tag{6-60}$$

其中，$x = [x_1, x_2, x_3]^{\mathrm{T}}$ 是系统的状态，$f(x) = [f_1(x), f_2(x), f_3(x)]^{\mathrm{T}}$ 是连续的向量函数。

根据 $f(\alpha x) = \alpha f(x)$，得到如下的结果

$$\begin{cases} f_1(\alpha x) - \alpha_1 f_1(x) = -(\alpha_2 \alpha_3 - \alpha_1) x_2 x_3 \equiv 0 \\ f_2(\alpha x) - \alpha_2 f_2(x) = (\alpha_1 \alpha_3 - \alpha_1) x_1 x_3 \equiv 0 \\ f_3(\alpha x) - \alpha_3 f_3(x) = (\alpha_1 \alpha_2 - \alpha_3) x_1 x_2 \equiv 0 \end{cases} \tag{6-61}$$

整理得到

$$\begin{cases} \alpha_2 \alpha_3 = \alpha_1 \\ \alpha_1 \alpha_3 = \alpha_2 \\ \alpha_1 \alpha_2 = \alpha_3 \end{cases} \tag{6-62}$$

解方程 (6-62) 得到如下的解

$$\beta_1^{(2)} = \begin{pmatrix} \alpha_1 \\ \alpha_2 \\ \alpha_3 \end{pmatrix} = \begin{pmatrix} -1 \\ -1 \\ 1 \end{pmatrix}, \quad \beta_2^{(2)} = \begin{pmatrix} \alpha_2 \\ \alpha_3 \\ \alpha_1 \end{pmatrix} = \begin{pmatrix} -1 \\ -1 \\ 1 \end{pmatrix} \tag{6-63}$$

$$\beta_3^{(2)} = \begin{pmatrix} \alpha_1 \\ \alpha_3 \\ \alpha_2 \end{pmatrix} = \begin{pmatrix} -1 \\ -1 \\ 1 \end{pmatrix}, \quad \beta_4^{(0)} = \begin{pmatrix} \alpha_1 \\ \alpha_2 \\ \alpha_3 \end{pmatrix} = \begin{pmatrix} 1 \\ 1 \\ 1 \end{pmatrix} \tag{6-64}$$

$\beta_1^{(2)}, \beta_2^{(2)}, \beta_3^{(2)}$ 表示混沌系统的同时同步和反同步问题存在三个解。

对于解 $\beta_1^{(2)}$，根据算法 6.1，得到如下的转化矩阵

$$T = \begin{pmatrix} \delta_3^{i_1} \\ \delta_3^{i_2} \\ \delta_3^{i_3} \end{pmatrix} = \begin{pmatrix} \delta_3^2 \\ \delta_3^3 \\ \delta_3^1 \end{pmatrix} = \begin{pmatrix} 0 & 1 & 0 \\ 0 & 0 & 1 \\ 1 & 0 & 0 \end{pmatrix} \tag{6-65}$$

通过如下的状态变换

$$X = \begin{pmatrix} X^E \\ X^e \end{pmatrix} = Tx \tag{6-66}$$

Chen-Lee 系统 (6-60) 分解为如下的两个子系统

$$\dot{X}^E = F^E(X) \tag{6-67}$$

$$\dot{X}^e = F^e(X) \tag{6-68}$$

其中

$$F^E(X) = M(X^e)X^E, \quad M(X^e) = \begin{pmatrix} -10 & X^e \\ X^e/3 & -3.8 \end{pmatrix} \tag{6-69}$$

$$F^e(X^E, X^e) = 5X^e - X_1^E X_2^E \tag{6-70}$$

则相应的从系统为

$$\dot{Y} = F(Y) + Bu \tag{6-71}$$

其中

$$Y = \begin{pmatrix} Y^E \\ Y^e \end{pmatrix}, \quad F(Y) = \begin{pmatrix} F^E(Y) \\ F^e(Y) \end{pmatrix} \tag{6-72}$$

$$F^E(Y) = M(Y^e)Y^E, \quad M(Y^e) = \begin{pmatrix} -10 & Y^e \\ Y^e/3 & -3.8 \end{pmatrix} \tag{6-73}$$

$$F^e(Y) = -\frac{8}{3}Y^e + Y_1^E Y_2^E \tag{6-74}$$

$$B = \begin{pmatrix} B^E \\ B^e \end{pmatrix} = \begin{pmatrix} B^E \\ 0 \end{pmatrix}, \quad B^E = \begin{pmatrix} 0 \\ 1 \end{pmatrix}, \quad B^e = 0 \tag{6-75}$$

令 $E^E = X^E + Y^E, E^e = Y^E - X^e$，则和与误差系统为

$$\dot{E} = G(X, Y, E) + Bu \tag{6-76}$$

其中

$$E = \begin{pmatrix} E^E \\ E^e \end{pmatrix} \tag{6-77}$$

B 见式(6-75)，控制器 u 为

$$u = KE = k(t)B^{\mathrm{T}}E = k(t)\begin{pmatrix} 0 & 1 & 0 \\ 0 & 0 & 1 \end{pmatrix}E = \begin{pmatrix} k(t)E_2^E \\ k(t)E_3^e \end{pmatrix} \tag{6-78}$$

动态增益 $k(t)$ 满足 $\dot{k}(t) = -\|E\|^2$。

下面进行数值仿真，选择初始条件 $x_1(0) = 1$，$x_2(0) = -2$，$x_3(0) = 3$，$y_1(0) = 5$，$y_2(0) = -6$，$y_3(0) = 7$，$k(0) = -1$。应用 45 阶龙格库塔方法得到图 6.4～图 6.6。图 6.4 显示了和与误差系统渐近稳定，即主从系统在上述控制器作用下实现了同时同步和反同步，图 6.5 分别显示了主系统和从系统的状态图。图 6.6 显示了动态反馈增益渐近地收敛于一个负常数。

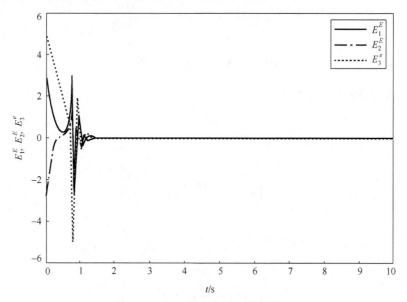

图 6.4　和与误差系统渐近稳定

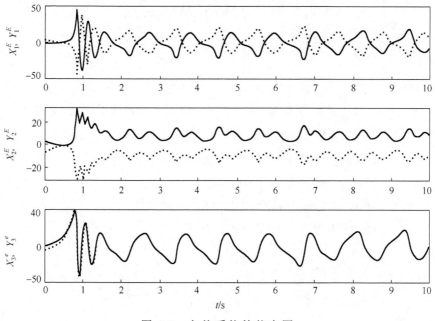

图 6.5 主从系统的状态图

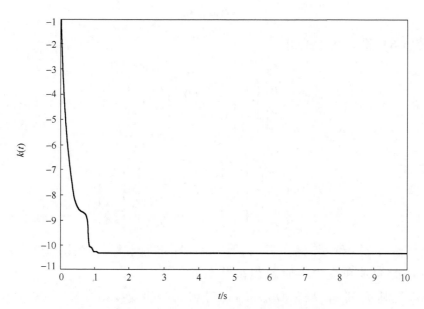

图 6.6 动态反馈增益渐近地收敛到一个负常数

关于 $\beta_2^{(2)}$ 和 $\beta_3^{(2)}$，可根据 $\beta_1^{(2)}$ 的情况类似得到，这里不再赘述。

例 6.3 考虑新 4D 超混沌系统

$$\dot{x} = F(x) = \begin{pmatrix} 35(x_2 - x_1) + x_2 x_3 x_4 \\ 10(x_1 + x_2) - x_1 x_3 x_4 \\ -x_3 + x_1 x_2 x_4 \\ -10 x_4 + x_1 x_2 x_3 \end{pmatrix} \tag{6-79}$$

其中，$x = [x_1, \cdots, x_4]^{\mathrm{T}}$ 是系统的状态，$F(x) = [F_1(x), \cdots, F_4(x)]^{\mathrm{T}}$ 是连续的向量函数。

根据 $F(\alpha x) = \alpha F(x)$，得到如下的方程组

$$\begin{cases} F_1(\alpha x) - \alpha_1 F_1(x) = 35(\alpha_2 - \alpha_1)x_2 + (\alpha_2 \alpha_3 \alpha_4 - \alpha_1)x_2 x_3 x_4 \equiv 0 \\ F_2(\alpha x) - \alpha_2 F_2(x) = 10(\alpha_2 - \alpha_1)x_1 - (\alpha_1 \alpha_3 \alpha_4 - \alpha_2)x_1 x_3 x_4 \equiv 0 \\ F_3(\alpha x) - \alpha_3 F_3(x) = (\alpha_1 \alpha_2 \alpha_4 - \alpha_3)x_1 x_2 x_4 \equiv 0 \\ F_4(\alpha x) - \alpha_4 F_4(x) = (\alpha_1 \alpha_2 \alpha_3 - \alpha_4)x_1 x_2 x_3 \equiv 0 \end{cases} \tag{6-80}$$

整理得到

$$\begin{cases} \alpha_2 = \alpha_1 \\ \alpha_1 \alpha_3 \alpha_4 = \alpha_2 \\ \alpha_1 \alpha_2 \alpha_4 = \alpha_3 \\ \alpha_1 \alpha_2 \alpha_3 = \alpha_4 \end{cases} \tag{6-81}$$

解方程 (6-81) 得到如下的解

$$\beta^{(0)} = \begin{pmatrix} \alpha_1 \\ \alpha_2 \\ \alpha_3 \\ \alpha_4 \end{pmatrix} = \begin{pmatrix} 1 \\ 1 \\ 1 \\ 1 \end{pmatrix}, \quad \beta^{(4)} = \begin{pmatrix} \alpha_1 \\ \alpha_2 \\ \alpha_3 \\ \alpha_4 \end{pmatrix} = \begin{pmatrix} -1 \\ -1 \\ -1 \\ -1 \end{pmatrix} \tag{6-82}$$

$$\beta_1^{(2)} = \begin{pmatrix} \alpha_1 \\ \alpha_2 \\ \alpha_3 \\ \alpha_4 \end{pmatrix} = \begin{pmatrix} -1 \\ -1 \\ 1 \\ 1 \end{pmatrix}, \quad \beta_2^{(2)} = \begin{pmatrix} \alpha_1 \\ \alpha_2 \\ \alpha_3 \\ \alpha_4 \end{pmatrix} = \begin{pmatrix} 1 \\ 1 \\ -1 \\ -1 \end{pmatrix} \tag{6-83}$$

很显然，$\beta_1^{(2)}$ 和 $\beta_2^{(2)}$ 满足同时同步和反同步的条件。因此，新 4D 超混沌系统的同时同步和反同步问题存在两个解。

下面先研究 $\beta_1^{(2)}$，根据算法 6.1，得到如下的变换矩阵

$$T = \begin{pmatrix} 1 & 0 & 0 & 0 \\ 0 & 1 & 0 & 0 \\ 0 & 0 & 1 & 0 \\ 0 & 0 & 0 & 1 \end{pmatrix} \tag{6-84}$$

通过如下的状态变换

$$X = \begin{pmatrix} X^E \\ X^e \end{pmatrix} = Tx \tag{6-85}$$

新 4D 超混沌系统 (6-79) 分解为如下的两个子系统

$$\dot{X}^E = F^E(X) \tag{6-86}$$

$$\dot{X}^e = F^e(X) \tag{6-87}$$

其中

$$F^E(X) = M(X^e)X^E, \quad M(X^e) = \begin{pmatrix} -35 & 35 + X_3^e X_4^e \\ 10 - X_3^e X_4^e & 10 \end{pmatrix} \tag{6-88}$$

$$F^e(X^E, X^e) = \begin{pmatrix} -X_3^e + X_1^E X_2^E X_4^e \\ -10 X_4^e + X_1^E X_2^E X_3^e \end{pmatrix} \tag{6-89}$$

则相应的从系统为

$$\dot{Y} = F(Y) + Bu \tag{6-90}$$

其中

$$Y = \begin{pmatrix} Y^E \\ Y^e \end{pmatrix}, \quad F(Y) = \begin{pmatrix} F^E(Y) \\ F^e(Y) \end{pmatrix} \tag{6-91}$$

$$F^E(Y) = M(Y^e)Y^E, \quad M(Y^e) = \begin{pmatrix} -35 & 35 + Y_3^e Y_4^e \\ 10 - Y_3^e Y_4^e & 10 \end{pmatrix} \tag{6-92}$$

$$F^e(Y) = \begin{pmatrix} -Y_3^e + Y_1^E Y_2^E Y_4^e \\ -10 Y_4^e + Y_1^E Y_2^E Y_3^e \end{pmatrix} \tag{6-93}$$

$$B = \begin{pmatrix} B^E \\ B^e \end{pmatrix} = \begin{pmatrix} B^E \\ 0 \end{pmatrix}, \quad B^E = \begin{pmatrix} 0 & 0 \\ 1 & 0 \end{pmatrix}, \quad B^e = \begin{pmatrix} 0 & 1 \\ 0 & 0 \end{pmatrix} \tag{6-94}$$

令 $E^E = X^E + Y^E$, $E^e = Y^e - X^e$, 则和与误差系统为

$$\dot{E} = G(X, Y, E) + Bu \tag{6-95}$$

其中

$$E = \begin{pmatrix} E^E \\ E^e \end{pmatrix} \tag{6-96}$$

B 见式 (6-94)，控制器 u 为

$$u = KE = k(t)B^{\mathrm{T}}E = k(t)\begin{pmatrix} 0 & 1 & 0 & 0 \\ 0 & 0 & 1 & 0 \end{pmatrix}E = \begin{pmatrix} k(t)E_2^E \\ k(t)E_3^e \end{pmatrix} \tag{6-97}$$

动态增益 $k(t)$ 满足 $\dot{k}(t) = -\|E\|^2$。

下面进行数值仿真，选择初始条件 $x_1(0) = 1$，$x_2(0) = -2$，$x_3(0) = 3$，$x_4(0) = -6$，$y_1(0) = 5$，$y_2(0) = -6$，$y_3(0) = 7$，$y_4(0) = 2$，$k(0) = -1$。应用 45 阶龙格库塔方法得到图 6.7～图 6.9。图 6.7 显示了和与误差系统渐近稳定，即主从系统在上述控制器作用下实现了同时同步和反同步。图 6.8 分别显示了主系统和从系统的状态图。图 6.9 显示了动态反馈增益渐近地收敛到一个负常数。

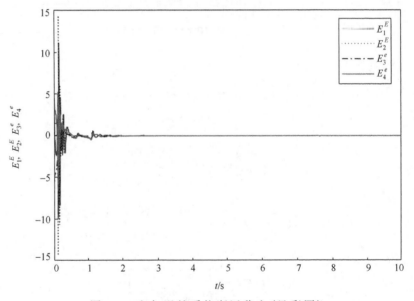

图 6.7　和与误差系统渐近稳定（见彩图）

例 6.4　考虑 PMSM 混沌系统

$$\dot{x} = f(x) = \begin{pmatrix} -x_1 + x_2 x_3 \\ -x_2 - x_1 x_3 + 20x_3 \\ 5.46x_2 - 5.46x_3 \end{pmatrix} \tag{6-98}$$

其中，$x = [x_1, x_2, x_3]^{\mathrm{T}}$ 是系统的状态，$f(x) = [f_1(x), f_2(x), f_3(x)]^{\mathrm{T}}$ 是连续的向量函数。

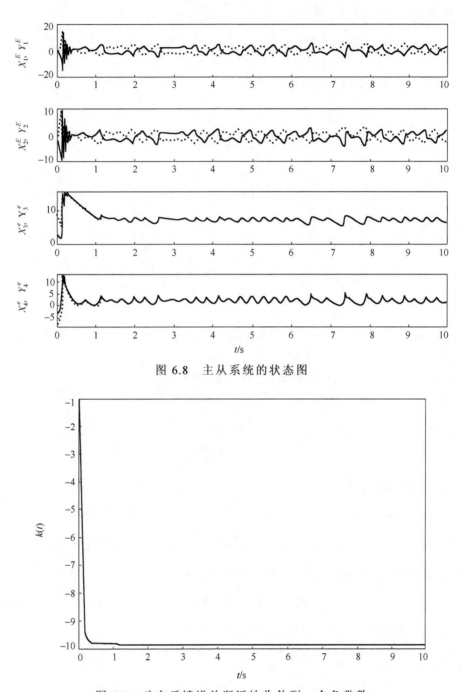

图 6.8　主从系统的状态图

图 6.9　动态反馈增益渐近地收敛到一个负常数

根据 $f(\alpha x) = \alpha f(x)$，得到如下的方程组

$$\begin{cases} f_1(\alpha x) - \alpha_1 f_1(x) = (\alpha_2 \alpha_3 - \alpha_1)x_2 x_3 \equiv 0 \\ f_2(\alpha x) - \alpha_2 f_2(x) = -(\alpha_1 \alpha_3 - \alpha_2)x_1 x_3 + 20(\alpha_2 - \alpha_3)x_2 \equiv 0 \\ f_3(\alpha x) - \alpha_3 f_3(x) = 5.36(\alpha_2 - \alpha_3)x_2 \equiv 0 \end{cases} \qquad (6\text{-}99)$$

整理得到

$$\begin{cases} \alpha_2 = \alpha_3 \\ \alpha_2 \alpha_3 = \alpha_1 \\ \alpha_1 \alpha_3 = \alpha_2 \end{cases} \qquad (6\text{-}100)$$

解方程 (6-100) 得到如下的解

$$\beta^{(0)} = \begin{pmatrix} \alpha_1 \\ \alpha_2 \\ \alpha_3 \end{pmatrix} = \begin{pmatrix} 1 \\ 1 \\ 1 \end{pmatrix}, \quad \beta^{(2)} = \begin{pmatrix} \alpha_2 \\ \alpha_3 \\ \alpha_1 \end{pmatrix} = \begin{pmatrix} -1 \\ -1 \\ 1 \end{pmatrix} \qquad (6\text{-}101)$$

很显然，$\beta^{(2)}$ 满足同时同步和反同步的条件。因此，PMSM 混沌系统的同时同步和反同步问题存在一个解。

下面研究 $\beta^{(2)}$，根据算法 6.1，得到如下的变换矩阵

$$T = \begin{pmatrix} 0 & 1 & 0 \\ 0 & 0 & 1 \\ 1 & 0 & 0 \end{pmatrix} \qquad (6\text{-}102)$$

通过如下的状态变换

$$X = \begin{pmatrix} X^E \\ X^e \end{pmatrix} = Tx \qquad (6\text{-}103)$$

PMSM 混沌系统 (6-98) 分解为如下的两个子系统

$$\dot{X}^E = F^E(X) \qquad (6\text{-}104)$$

$$\dot{X}^e = F^e(X) \qquad (6\text{-}105)$$

其中

$$F^E(X) = M(X^e)X^E, \quad M(X^e) = \begin{pmatrix} -1 & 20 - X_1^E \\ 5.46 & -5.46 \end{pmatrix} \qquad (6\text{-}106)$$

$$F^e(X^E, X^e) = -X_3^e + X_1^E X_2^E \tag{6-107}$$

则相应的从系统为

$$\dot{Y} = F(Y) + Bu \tag{6-108}$$

其中

$$Y = \begin{pmatrix} Y^E \\ Y^e \end{pmatrix}, \quad F(Y) = \begin{pmatrix} F^E(Y) \\ F^e(Y) \end{pmatrix} \tag{6-109}$$

$$F^E(Y) = M(Y^e)Y^E, \quad M(Y^e) = \begin{pmatrix} -1 & 20 - Y_1^E \\ 5.46 & -5.46 \end{pmatrix} \tag{6-110}$$

$$F^e(Y^E, Y^e) = -Y_3^e + Y_1^E Y_2^E \tag{6-111}$$

$$B = \begin{pmatrix} B^E \\ B^e \end{pmatrix} = \begin{pmatrix} B^E \\ 0 \end{pmatrix}, \quad B^E = \begin{pmatrix} 0 \\ 1 \end{pmatrix}, \quad B^e = 0 \tag{6-112}$$

令 $E^E = X^E + Y^E, E^e = Y^E - X^e$，则和与误差系统为

$$\dot{E} = G(X, Y, E) + Bu \tag{6-113}$$

其中

$$E = \begin{pmatrix} E^E \\ E^e \end{pmatrix} \tag{6-114}$$

B 见式 (6-112)，控制器 u 为

$$u = KE = k(t)B^{\mathrm{T}}E = k(t)(0,1,0)E = k(t)E_2^E \tag{6-115}$$

动态增益 $k(t)$ 满足 $\dot{k}(t) = -\|E\|^2$。

下面进行数值仿真，选择初始条件：$x_1(0) = 1$，$x_2(0) = -2$，$x_3(0) = 3$，$y_1(0) = 5$，$y_2(0) = -6$，$y_3(0) = 7$，$k(0) = -1$。应用 45 阶龙格库塔方法得到图 6.10～图 6.12。图 6.10 显示了和与误差系统渐近稳定，即主从系统在上述控制器作用下实现了同时同步和反同步。图 6.11 分别显示了主系统和从系统的状态图。图 6.12 显示了动态反馈增益渐近地收敛到一个负常数。

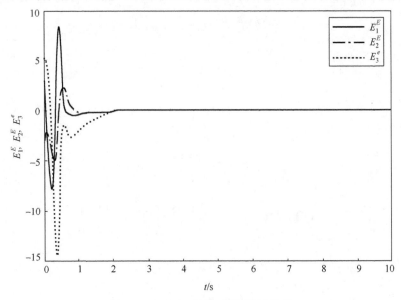

图 6.10　和与误差系统渐近稳定

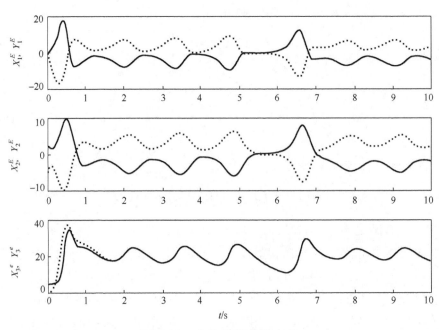

图 6.11　主从系统的状态图

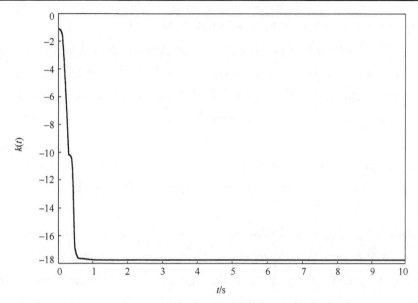

图 6.12 动态反馈增益渐近地收敛到一个负常数

参 考 文 献

[1] Pecora L, Carroll T. Synchronization in chaotic systems. Physical Review Letters, 1990, 64(8): 821-824.

[2] Ott E, Gerbogi C, Yorke J A. Controlling chaos. Physical Review Letters, 1990, 64(11): 1196-1199.

[3] Guo R W. A simple adaptive controller for chaos and hyperchaos synchronization. Physics Letters A, 2008, 372(34): 5593-5597.

[4] Goksu A, Kocamaz U E, Uyaroglu Y. Synchronization and control of chaos in supply chain management. Computers and Industrial Engineering, 2015, 86: 107-115.

[5] Li S, Ge Y, Pragmatical Z M. Adaptive synchronization of different orders chaotic systems with all uncertain parameters via nonlinear control. Nonlinear Dynamics, 2011, 64(1): 77-87.

[6] Wang G M. Stabilization and synchronization of Genesio-Tesi system via single variable feedback controller. Physics Letters A, 2010, 374(28): 2831-2834.

[7] Sieber J, Chenko E O, Wolfrum M. Controlling unstable chaos: stabilizing chimera

states by feedback. Physical Review Letters, 2014, 112(5): 054102.

[8]　Guo R W. Simultaneous synchronization and anti-synchronization of two identical new 4D chaotic systems. Chinese Physics Letters, 2011, 28: 040205-040209.

[9]　Hammami S, Benrejeba M, Fekib M, et al. Feedback control design for Rossler and Chen chaotic systems anti-synchronization. Physics Letters A, 2010, 374(28): 2835-2840.

[10]　Wang Z, Sun Y, Liang B. Synchronization control for bilateral teleoperation system with position error constraints: a fixed-time approach. ISA Transactions, 2019, 93(3): 125-136.

[11]　Asadollahi M, Ghiasi A, Badamchizadeh M. Adaptive synchronization of chaotic systems with hysteresis quantizer input. ISA Transactions, 2020, 98(3): 137-148.

[12]　Jiang H B, Liu Y, Zhang L P, et al. Anti-phase synchronization and symmetry-breaking bifurcation of impulsively coupled oscillators. Communications on Nonlinear Science and Numerical Simulations, 2016, 39(10): 199-208.

[13]　Ren L, Guo R W. A necessary and sufficient condition of anti-synchronization for chaotic systems and its applications. Mathematical Problems in Engineering, 2015, 434651: 1-7.

[14]　Guo R W. Projective synchronization of a class of chaotic systems by dynamic feedback control method. Nonlinear Dynamics, 2017, 90(1): 53-64.

[15]　Lin G D, Gao Y T, Wang L, et al. Elastic-inelastic-interaction coexistence and double Wronskian solutions for the Whitham-Broer-Kaup shallow-water-wave model. Communications on Nonlinear Science and Numerical Simulations, 2011, 16(8): 3090-3096.

[16]　Aviram I, Rabinovitch A. Bifurcation analysis of bacteria and bacteriophage coexistence in the presence of bacterial debris. Communications on Nonlinear Science and Numerical Simulations, 2012, 17(1): 242-254.

[17]　Jiang W H, Niu B. On the coexistence of periodic or quasi-periodic oscillations near a hopf-pitchfork bifurcation in NFDE. Communications on Nonlinear Science and Numerical Simulations, 2013, 18(3): 464-477.

[18]　Kengne J, Tabekoueng Z N, Fotsin H B. Coexistence of multiple attractors and crisis route to chaos in autonomous third order Duffing-Holmes type chaotic oscillators. Communications on Nonlinear Science and Numerical Simulations, 2016, 36(7): 29-44.

[19] Naimzada A, Pireddu M. Strong coexistence for a model with endogenous evolution of heterogeneous agents. Communications on Nonlinear Science and Numerical Simulations, 2018, 65(12): 35-53.

[20] Zhang Q, Lu J H, Chen S H. Coexistence of anti-phase and complete synchronization in the generalized Lorenz system. Communications on Nonlinear Science and Numerical Simulations, 2010, 15(11): 3067-3072.

第 7 章　混沌系统的投影同步

7.1　引　　言

　　混沌系统投影同步问题由于在保密通信中的广泛应用而受到很多关注，并已经取得了大量的理论和实验结果。混沌系统投影同步是指主系统的某些变量与相对应的从系统的某些变量之间存在一个倍数的关系。投影同步时并没有对两个系统施加任何控制，它们实现投影同步是在不同初值的作用下达到的，而且实现投影同步是比例关系，也与初值有关。因此，Lorenz 系统是三维的，而实现投影同步只是 Lorenz 系统的前两个变量，也就是说只在一个平面上实现的按照某个比例关系同步，该类特殊的同步问题称为投影同步。后来，有学者研究了两个相同混沌系统在控制器作用下的投影问题，此时子主系统和子从系统满足某种比例关系同步的比例因子可以人为设置。从此以后，很多人开始研究投影同步问题，将投影同步推广到整个混沌系统实现投影同步[1-8]。实际上，这样的理论结果纯粹是为了数学上证明的需要，已经背离了投影同步的初衷，因此，本章首先给出混沌系统投影同步问题的存在性，基于该存在性条件，求混沌系统投影同步问题的所有解，最后考虑设计形式上简单而且物理上可实现的控制器。下面分别给出两个例子来说明目前存在结果的局限性和研究该问题的必要性。

　　情况 1：两个不同混沌系统的投影同步问题，此时投影因子 $\alpha = -1$。

　　考虑如下的 Liu 混沌系统[9]

$$\begin{aligned}
\dot{x}_1 &= a_1(y_1 - x_1) \\
\dot{y}_1 &= b_1 x_1 - x_1 z_1 \\
\dot{z}_1 &= -c_1 z_1 + 4 x_1^2
\end{aligned} \tag{7-1}$$

其中，$a_1 = 10$，$b_1 = 40$，$c_1 = 2.5$。

令系统 (7-1) 为主系统，则从系统为

$$
\begin{aligned}
\dot{x}_2 &= a_2(y_2 - x_2) + u_1 \\
\dot{y}_2 &= b_2 x_2 - y_2 - x_2 z_2 + u_2 \\
\dot{z}_2 &= x_2 y_2 - c_2 z_2 + u_3
\end{aligned}
\tag{7-2}
$$

其中，$a_2 = 10$，$b_2 = 28$，$c_2 = -8/3$，$u = [u_1, u_2, u_3]^{\mathrm{T}}$ 是待设计的控制器。

定义变量

$$
E_1 = x_1 + x_2, \quad E_2 = y_1 + y_2, \quad E_3 = z_1 + z_2
$$

则和系统如下

$$
\begin{aligned}
\dot{E}_1 &= a_2(E_2 - E_1) + (a_1 - a_2)(y_1 - x_1) + u_1 \\
\dot{E}_2 &= b_2 E_1 - E_2 - (b_2 - b_1)x_1 + y_1 - x_2 z_2 - x_1 z_1 + u_2 \\
\dot{E}_3 &= -c_2 E_3 - (c_1 - c_2)z_1 + 4x_1^2 + x_2 y_2 + u_3
\end{aligned}
\tag{7-3}
$$

在文献 [9] 中，得到了如下的控制器

$$
\begin{aligned}
u_1 &= u_{11} + u_{21} \\
u_2 &= u_{12} + u_{22} \\
u_3 &= u_{13} + u_{23}
\end{aligned}
\tag{7-4}
$$

其中，子控制器为

$$
\begin{aligned}
u_{21} &= -(a_1 - a_2)(y_1 - x_1) \\
u_{22} &= (b_2 - b_1)x_1 - y_1 + x_2 z_2 + x_1 z_1 \\
u_{23} &= (c_1 - c_2)z_1 - 4x_1^2 - x_2 y_2
\end{aligned}
\tag{7-5}
$$

显然，式 (7-5) 给出的控制器纯粹就是为了抵消和系统 (7-3) 中相应的项，除此以外，无任何意义。实际上，根据非线性控制理论 [10]，$E = 0$ 必须是未受控系统 (7-3) 的平衡点，即此时 $u = 0$。基于该条件，才能设计形如 $u = K(E)$ 且满足条件 $K(0) = 0$ 的控制器，例如线性反馈控制器 $K(E) = kE$。类似的结果见文献 [10]～文献 [15]，上述理论结果都是没有考虑这一非常重要的基本条件而导致的。

情况 2：两个不同维数的混沌系统的投影同步。

考虑如下的混沌系统 [16]

$$
\dot{x}(t) = mx(t) + nf(x_{\tau_1})
\tag{7-6}
$$

其中，$x(t) \in \mathbf{R}^n$，$f\colon \mathbf{R}^n \to \mathbf{R}^n$ 是非线性向量函数，m、n 是系统参数，τ_1 是时

滞时间且 $x_{\tau_1} = x(t - \tau_1)$ 。

令系统 (7-6) 作为主系统，则相应的从系统为

$$\dot{y}(t) = ry(t) + sf(y_{\tau_2}) + u \tag{7-7}$$

其中，$y(t) \in \mathbf{R}^n$，r、s 是系统参数，τ_2 是时滞时间且 $y_{\tau_2} = y(t - \tau_2)$，$u \in \mathbf{R}^n$ 是待设计的控制器。

定义误差系统

$$\dot{e}(t) = y(t) - \alpha x(t) = ry(t) + sf(y_{\tau_2}) + u - \alpha m x(t) - \alpha n f(x_{\tau_1}) \tag{7-8}$$

在文献[16]中，所设计的控制器为

$$u = my(t) - \alpha r x(t) - sg(y_{\tau_2}) + \alpha n f(x_{\tau_1}) \tag{7-9}$$

将式 (7-9) 中给出的控制器代入从系统 (7-7) 中，则受控从系统为

$$\dot{y}(t) = my(t) + r[y(t) - \alpha x(t)] + \alpha n f(x_{\tau_1}) \tag{7-10}$$

容易验证主系统 (7-6) 和受控从系统 (7-10) 是关于 $x(t)$、$y(t)$ 部分线性的。此外，式 (7-9) 中给出的控制器复杂的原因是保证 $e = 0$ 为误差系统 $\dot{e}(t) = (m + r)e(t)$ 的平衡点。

7.2　混沌系统的投影同步问题

7.2.1　预备知识

考虑如下的混沌系统

$$\dot{x} = f(x) \tag{7-11}$$

其中，$x \in \mathbf{R}^n$ 是状态变量，$f(x) \in \mathbf{R}^n$ 是连续向量函数，即

$$x = \begin{pmatrix} X \\ Z \end{pmatrix}, \quad f(x) = \begin{pmatrix} M(Z)X \\ G(X, Z) \end{pmatrix} \tag{7-12}$$

其中，$X \in \mathbf{R}^m$，$Z \in \mathbf{R}^{n-m}$，$M(Z) \in \mathbf{R}^{m \times m}$，$m \geq 1$ 和 $G(X, Z) \in \mathbf{R}^{n-m}$，则系统 (7-11) 可表示为如下的两个子系统

$$\dot{X} = M(Z)X \tag{7-13}$$

$$\dot{Z} = G(X, Z) \tag{7-14}$$

令系统 (7-13) 为主系统，则相应的从系统为

$$\dot{Y} = M(Z)Y + Bu \tag{7-15}$$

其中，$Y \in \mathbf{R}^m$ 是系统状态变量，$M(Z) \in \mathbf{R}^{m \times m}$，$m \geq 1$，$B \in \mathbf{R}^{m \times r}$ 是常数矩阵，$r \geq 1$，$u \in \mathbf{R}^r$ 是待设计的控制器。

再令 $e = Y - \beta X$，其中 $|\beta| \neq 0, 1$，则误差系统为

$$\dot{e} = M(Z)e + Bu \tag{7-16}$$

其中，$e \in \mathbf{R}^m$ 是状态向量，B 和 u 见式 (7-15)。

为了研究的需要，先给出一个混沌系统投影同步定义。

定义 7.1　考虑误差系统 (7-16)。如果 $\lim\limits_{t \to \infty} \| e(t) \| = 0$，则主系统 (7-13) 和从系统 (7-15) 被称为达到了投影同步。

7.2.2　问题的描述

考虑如下混沌系统

$$\dot{y} = F(y) \tag{7-17}$$

其中，$y \in \mathbf{R}^n$，$F(y) \in \mathbf{R}^n$ 是向量函数。

本章在以下三个方面研究混沌系统 (7-17) 的投影同步问题。

(1) 混沌系统投影同步存在性。

(2) 如果给定的混沌系统投影同步存在，那么如何求该系统所有的投影同步解。

(3) 混沌系统投影同步的实现，即设计了一个形式简单而且在物理上可实现的控制器。

7.2.3　理论结果

1. 投影同步的存在性

下面给出一个混沌系统的投影同步存在的充要条件。

定理 7.1　考虑混沌系统 (7-17)。该系统投影同步存在的充要条件是存在一个非奇异变换矩阵 T，通过 T，混沌系统 (7-17) 可转化为子系统 (7-13) 和子

系统(7-14)，即

$$x = \begin{pmatrix} X \\ Z \end{pmatrix} = Ty, \quad f(x) = \begin{pmatrix} M(Z)X \\ G(X,Z) \end{pmatrix} = TF(y) \tag{7-18}$$

并且控制器 u 具有如下形式

$$u = u(X,Z,E), \quad u(X,Z,0) = 0 \tag{7-19}$$

证明：充分性。

如果存在一个非奇异变换矩阵 T，通过 T，混沌系统(7-17)可转化为子系统(7-13)和子系统(7-14)，则根据定义 7.1，混沌系统(7-10)的投影同步存在。

必要性。

混沌系统(7-10)的投影同步存在，则 $e=0$ 是下面系统的平衡点

$$\dot{e} = M(Z)e \tag{7-20}$$

因此式(7-19)给出的控制器 u 可以使误差系统(7-20)达到镇定，即系统(7-17)实现了投影同步。

2. 混沌系统投影同步的所有解

如何找到能将系统(7-17)转换为子系统(7-13)和子系统(7-14)的非奇异矩阵 T？进一步，如果能找到 T，这样的矩阵 T 有多少个？

对于系统(7-17)，根据 $F(\alpha y) = \alpha F(y)$，其中

$$\alpha = \begin{bmatrix} \alpha_1 & 0 & 0 & \cdots & 0 \\ 0 & \alpha_2 & 0 & \cdots & 0 \\ 0 & 0 & \alpha_3 & \cdots & 0 \\ \vdots & \vdots & \vdots & & \vdots \\ 0 & 0 & 0 & \cdots & \alpha_n \end{bmatrix} \tag{7-21}$$

$|\alpha_i| = 1, i \in \Lambda = \{1,2,\cdots,n\}$，得到如下的关于 α 代数方程组

$$\begin{cases} F_1(\alpha y) \equiv \alpha_1 F(y) \\ F_2(\alpha y) \equiv \alpha_2 F(y) \\ \vdots \\ F_n(\alpha y) \equiv \alpha_n F(y) \end{cases} \tag{7-22}$$

根据前面的介绍，整个方程组(7-22)不会存在如下形式的解

$$\begin{pmatrix} \alpha_1 \\ \alpha_2 \\ \vdots \\ \alpha_{n-1} \\ \alpha_n \end{pmatrix} = \begin{pmatrix} \beta \\ \beta \\ \vdots \\ \beta \\ \beta \end{pmatrix}$$

其中，$|\beta| \neq 0,1$。

下面给出一个算法来寻找变换矩阵 T。

算法 7.1

令 $l = 1$，其中 l 是 $\alpha_j = \beta$ 的数量，k 是第一个 $\alpha_j = 1$ 的位置，$j \in \Lambda$，$1 \leq k \leq n$。
验证

$$\Gamma_k^l = \begin{pmatrix} \Gamma_{k,1}^l \\ \vdots \\ \Gamma_{k,k-1}^l \\ \Gamma_{k,k}^l \\ \Gamma_{k,k+1}^l \\ \vdots \\ \Gamma_{k,n}^l \end{pmatrix} = \begin{pmatrix} \beta \\ \vdots \\ \beta \\ 1 \\ \beta \\ \vdots \\ \beta \end{pmatrix} \leftarrow k \tag{7-23}$$

是否为下面方程组

$$\begin{cases} F_1(\alpha z) \equiv \alpha_1 F(z) \\ \qquad \vdots \\ F_{k-1}(\alpha z) \equiv \alpha_{k-1} F(z) \\ F_{k+1}(\alpha z) \equiv \alpha_{k+1} F(z) \\ \qquad \vdots \\ F_n(\alpha z) \equiv \alpha_n F(z) \end{cases} \tag{7-24}$$

的解。如果是解，则选择如下的变换矩阵 T

$$T = \begin{pmatrix} \delta_n^{i_1} \\ \vdots \\ \delta_n^{i_{k-1}} \\ \delta_n^{i_k} \\ \delta_n^{i_{k+1}} \\ \vdots \\ \delta_n^{i_n} \end{pmatrix} = \begin{pmatrix} \delta_n^1 \\ \vdots \\ \delta_n^{k-1} \\ \delta_n^n \\ \delta_n^{k+1} \\ \vdots \\ \delta_n^k \end{pmatrix} \tag{7-25}$$

其中

$$\delta_n^{i} = (0, \quad \cdots, \quad 0, \quad 1, \quad 0, \quad \cdots, \quad 0) \in \mathbf{R}^n$$
$$\uparrow$$
$$i_1$$

$$(7\text{-}26)$$

即 δ_n^{i} 是 n 阶单位矩阵 I_n 的第 i_1 行，其中 $i_1 \in \Lambda$。注意到这里一共有 $C_n^1 = n$ 种情况。

然后，令 $l = 2$，其中 l 还是 $\alpha_i = \beta$ 的数量，k 是第一个 $\alpha_j = 1$ 的位置，$k+1$ 是第二个 $\alpha_j = 1$ 的位置，$j \in \Lambda$，$1 \leq k \leq n-1$。验证

$$\Gamma_k^l = \begin{pmatrix} \Gamma_{k,1}^l \\ \Gamma_{k,2}^l \\ \vdots \\ \Gamma_{k,k-1}^l \\ \Gamma_{k,k}^l \\ \Gamma_{k,k+1}^l \\ \Gamma_{k,k+2}^l \\ \vdots \\ \Gamma_{k,n}^l \end{pmatrix} = \begin{pmatrix} \beta \\ \beta \\ \vdots \\ \beta \\ 1 \\ 1 \\ \beta \\ \vdots \\ \beta \end{pmatrix} \leftarrow k \qquad (7\text{-}27)$$

是否为下面方程组

$$\begin{cases} F_1(\alpha z) \equiv \alpha_1 F(z) \\ \qquad \vdots \\ F_{k-1}(\alpha z) \equiv \alpha_{k-1} F(z) \\ F_{k+2}(\alpha z) \equiv \alpha_{k+2} F(z) \\ \qquad \vdots \\ F_n(\alpha z) \equiv \alpha_n F(z) \end{cases} \qquad (7\text{-}28)$$

的解。如果是解，则得到如下的变换矩阵 T

$$T = \begin{pmatrix} \delta_n^{i_1} \\ \vdots \\ \delta_n^{i_{k-1}} \\ \delta_n^{i_k} \\ \delta_n^{i_{k-1}} \\ \vdots \\ \delta_n^{i_{n-1}} \\ \delta_n^{i_n} \end{pmatrix} = \begin{pmatrix} \delta_n^{1} \\ \vdots \\ \delta_n^{k-1} \\ \delta_n^{n-1} \\ \delta_n^{n} \\ \vdots \\ \delta_n^{k-1} \\ \delta_n^{k} \end{pmatrix} \qquad (7\text{-}29)$$

注意此时共有 $C_n^2 = \dfrac{n(n-1)}{2}$ 种情况。

只要 $l \leqslant n-1$，可继续按照 $l=1$ 和 $l=2$ 中的步骤来寻找到矩阵 T。如果 T 没有找到，则说明混沌系统 (7-17) 不存在投影同步。

综上所述，如果混沌系统 (7-17) 投影同步问题有解，通过算法 7.1 能得到所有的变换矩阵 T。如果 T 没有找到，则给出混沌系统 (7-17) 不存在投影同步的严格证明。

3. 混沌系统投影同步的实现

为实现上述混沌系统的投影同步，设计了形式简单而物理上可实现的控制器。

根据文献[2]和文献[3]的结果，得出以下结论。

定理 7.2 考虑误差系统 (7-13)，如果 $(M(Z),B)$ 是可镇定的，则设计的控制器 u 为

$$u = Ke \tag{7-30}$$

其中，$K = k(t)B^{\mathrm{T}}$，且 $k(t)$ 满足如下的更新率

$$\dot{k} = -\|e\|^2 \tag{7-31}$$

这表明主系统 (7-13) 和从系统 (7-15) 实现了投影同步。

证明： 由于 $(M(Z),B)$ 达到稳定，则式 (7-30) 给出的控制器 u 即为所求。

定理 7.3 考虑误差系统 (7-13)，如果 $(M(Z),B)$ 可镇定，则设计的控制器为

$$u = -K(Z)e \tag{7-32}$$

其中，$K(Z)$ 满足矩阵 $M(Z)-BK(Z)$ 不管 Z 取何值都是 Hurwitz 矩阵，则主系统 (7-13) 和从系统 (7-15) 实现了投影同步。

7.2.4 数值例子及仿真

例 7.1 考虑 Lorenz 系统[34]

$$\dot{y} = F(y) = \begin{pmatrix} 10(y_2 - y_1) \\ 28y_1 - y_2 - y_1 y_3 \\ -\dfrac{8}{3}y_3 + y_1 y_2 \end{pmatrix} \tag{7-33}$$

其中，$y=[y_1,y_2,y_3]^{\mathrm{T}}$ 是系统的状态，$F(y)=[F_1(y),F_2(y),F_3(y)]^{\mathrm{T}}$ 是连续的向量函数。

根据 $F(\alpha y)=\alpha F(y)$，得到如下的结果

$$\begin{cases} F_1(\alpha y)-\alpha_1 F_1(y)=10(\alpha_2-\alpha_1)y_2 \equiv 0 \\ F_2(\alpha y)-\alpha_2 F_2(y)=28(\alpha_2-\alpha_1)y_1-(\alpha_1\alpha_3-\alpha_2)y_1y_3 \equiv 0 \\ F_3(\alpha y)-\alpha_3 F_3(y)=(\alpha_1\alpha_2-\alpha_3)y_1y_2 \equiv 0 \end{cases} \tag{7-34}$$

整理得到

$$\begin{cases} \alpha_2=\alpha_1 \\ \alpha_1\alpha_3=\alpha_2 \\ \alpha_1\alpha_2=\alpha_3 \end{cases} \tag{7-35}$$

解方程 (7-35) 只得到如下的解

$$\begin{pmatrix} \alpha_1 \\ \alpha_2 \\ \alpha_3 \end{pmatrix}=\begin{pmatrix} -1 \\ -1 \\ 1 \end{pmatrix}, \quad \begin{pmatrix} \alpha_1 \\ \alpha_2 \\ \alpha_3 \end{pmatrix}=\begin{pmatrix} 1 \\ 1 \\ 1 \end{pmatrix} \tag{7-36}$$

不满足投影同步的条件。

根据算法 7.1，得到

$$\begin{pmatrix} \alpha_1 \\ \alpha_2 \\ \alpha_3 \end{pmatrix}=\begin{pmatrix} \beta \\ \beta \\ 1 \end{pmatrix} \tag{7-37}$$

满足下面的方程组

$$\begin{cases} \alpha_2=\alpha_1 \\ \alpha_1\alpha_3=\alpha_2 \end{cases} \tag{7-38}$$

因此，得到如下的变换矩阵

$$T=\begin{pmatrix} \delta_3^{i_1} \\ \delta_3^{i_2} \\ \delta_3^{i_3} \end{pmatrix}=\begin{pmatrix} \delta_3^1 \\ \delta_3^2 \\ \delta_3^3 \end{pmatrix}=\begin{pmatrix} 1 & 0 & 0 \\ 0 & 1 & 0 \\ 0 & 0 & 1 \end{pmatrix} \tag{7-39}$$

通过如下的变换

$$\begin{pmatrix} X \\ Z \end{pmatrix}=Tx$$

Lorenz 系统 (7-33) 变为如下的两个子系统

$$\dot{X} = M(Z)X \tag{7-40}$$

$$\dot{Z} = G_2(X, Z) \tag{7-41}$$

其中

$$M(Z) = \begin{pmatrix} -10 & 10 \\ 28 - Z & -1 \end{pmatrix} \tag{7-42}$$

$$G(X, Z) = X_1 X_2 - \frac{8}{3}Z \tag{7-43}$$

则相应的从系统为

$$\dot{Y} = M(Z)Y + Bu \tag{7-44}$$

其中，$M(Z)$ 见式 (7-42)，且

$$B = \begin{pmatrix} 0 \\ 1 \end{pmatrix} \tag{7-45}$$

令 $e = Y - \beta X$，则误差系统为

$$\dot{e} = M(Z)e + Bu \tag{7-46}$$

易验证 $(M(Z), B)$ 可控，从而得到 $(M(Z), B)$ 可镇定。根据定理 7.2，得到如下的控制器

$$u = Ke = k(t)B^{\mathrm{T}}e = k(t)(0,1)e = k(t)e_2 \tag{7-47}$$

根据定理 7.3，得到如下的控制器

$$u = K(Z)e = (Z - 28, 0)e = (Z - 28)e_1 \tag{7-48}$$

下面进行数值仿真，选择如下的初始条件：$X_1(0) = 1$，$X_2(0) = -2$，$Z(0) = 3$，$Y_1(0) = -4$，$Y_2(0) = 5$，$k(0) = -1$，$\beta = 3$。应用 45 阶龙格库塔方法得到图 7.1～图 7.3。图 7.1 显示了误差系统渐近稳定，即主从系统在上述控制器作用下实现了投影同步。图 7.2 分别显示了主系统和从系统的相图。从图 7.2 可看出，主从系统的相图是一样的，但是坐标轴不一样。图 7.3 显示了动态反馈增益渐近地收敛到一个负常数。

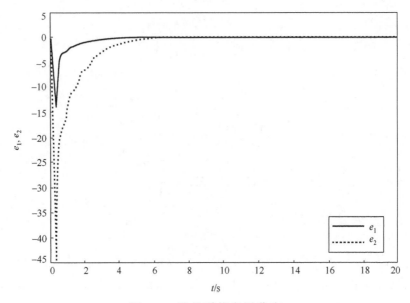

图 7.1 误差系统渐近稳定

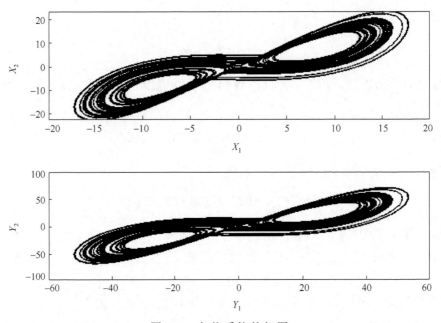

图 7.2 主从系统的相图

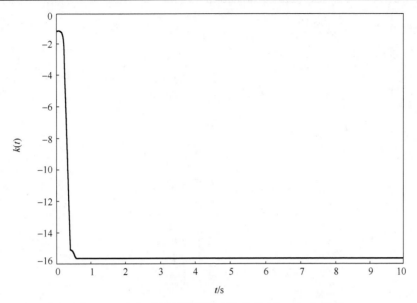

图 7.3　动态反馈增益渐近地收敛到一个负常数

例 7.2　考虑 Chen-Lee 系统[35]

$$\dot{y} = F(y) = \begin{pmatrix} 5y_1 - y_2 y_3 \\ y_1 y_3 - 10 y_2 \\ \dfrac{1}{3} y_1 y_2 - 3.8 y_3 \end{pmatrix} \tag{7-49}$$

其中，$y = [y_1, y_2, y_3]^{\mathrm{T}}$ 是系统的状态，$F(y) = [F_1(y), F_2(y), F_3(y)]^{\mathrm{T}}$ 是连续的向量函数。

根据 $F(\alpha y) = \alpha F(y)$，得到如下的结果

$$\begin{cases} F_1(\alpha y) - \alpha_1 F_1(y) = -(\alpha_2 \alpha_3 - \alpha_1) y_2 y_3 \equiv 0 \\ F_2(\alpha y) - \alpha_2 F_2(y) = (\alpha_1 \alpha_3 - \alpha_1) y_1 y_3 \equiv 0 \\ F_3(\alpha y) - \alpha_3 F_3(y) = (\alpha_1 \alpha_2 - \alpha_3) y_1 y_2 \equiv 0 \end{cases} \tag{7-50}$$

整理得到

$$\begin{cases} \alpha_2 \alpha_3 = \alpha_1 \\ \alpha_1 \alpha_3 = \alpha_2 \\ \alpha_1 \alpha_2 = \alpha_3 \end{cases} \tag{7-51}$$

解方程 (7-51) 得到

$$\begin{pmatrix} \alpha_1 \\ \alpha_2 \\ \alpha_3 \end{pmatrix} = \begin{pmatrix} -1 \\ -1 \\ 1 \end{pmatrix}, \quad \begin{pmatrix} \alpha_2 \\ \alpha_3 \\ \alpha_1 \end{pmatrix} = \begin{pmatrix} -1 \\ -1 \\ 1 \end{pmatrix}, \quad \begin{pmatrix} \alpha_1 \\ \alpha_3 \\ \alpha_2 \end{pmatrix} = \begin{pmatrix} -1 \\ -1 \\ 1 \end{pmatrix}, \quad \begin{pmatrix} \alpha_1 \\ \alpha_2 \\ \alpha_3 \end{pmatrix} = \begin{pmatrix} 1 \\ 1 \\ 1 \end{pmatrix} \tag{7-52}$$

不满足投影同步的条件。

根据算法 7.1，得到三个解，即

$$\Gamma_3^2 = \begin{pmatrix} \alpha_1 \\ \alpha_2 \\ \alpha_3 \end{pmatrix} = \begin{pmatrix} \beta \\ \beta \\ 1 \end{pmatrix} \tag{7-53}$$

满足下面的方程组

$$\begin{cases} \alpha_2\alpha_3 = \alpha_1 \\ \alpha_1\alpha_3 = \alpha_2 \end{cases} \tag{7-54}$$

$$\Gamma_2^2 = \begin{pmatrix} \alpha_1 \\ \alpha_2 \\ \alpha_3 \end{pmatrix} = \begin{pmatrix} \beta \\ 1 \\ \beta \end{pmatrix} \tag{7-55}$$

满足下面的方程组

$$\begin{cases} \alpha_2\alpha_3 = \alpha_1 \\ \alpha_1\alpha_2 = \alpha_3 \end{cases} \tag{7-56}$$

$$\Gamma_1^2 = \begin{pmatrix} \alpha_1 \\ \alpha_2 \\ \alpha_3 \end{pmatrix} = \begin{pmatrix} 1 \\ \beta \\ \beta \end{pmatrix} \tag{7-57}$$

满足下面的方程组

$$\begin{cases} \alpha_1\alpha_3 = \alpha_2 \\ \alpha_1\alpha_2 = \alpha_3 \end{cases} \tag{7-58}$$

先考虑 Γ_3^2，根据算法 7.1，得到如下的转化矩阵

$$T = \begin{pmatrix} \delta_3^{i_1} \\ \delta_3^{i_2} \\ \delta_3^{i_3} \end{pmatrix} = \begin{pmatrix} \delta_3^2 \\ \delta_3^3 \\ \delta_3^1 \end{pmatrix} = \begin{pmatrix} 0 & 1 & 0 \\ 0 & 0 & 1 \\ 1 & 0 & 0 \end{pmatrix} \tag{7-59}$$

通过如下的状态变换

$$\begin{pmatrix} X \\ Z \end{pmatrix} = Ty \tag{7-60}$$

Chen-Lee 系统 (7-49) 分解为如下的两个子系统

$$\dot{X} = M(Z)X \tag{7-61}$$

$$\dot{Z} = G(X,Z) \tag{7-62}$$

其中

$$M(Z) = \begin{pmatrix} -10 & Z \\ \dfrac{1}{3}Z & -3.8 \end{pmatrix} \tag{7-63}$$

$$G(X,Z) = -X_1 X_2 + 5Z \tag{7-64}$$

令系统 (7-61) 为主系统，则从系统为

$$\dot{Y} = M(Z)Y + Bu \tag{7-65}$$

其中， $M(Z)$ 、 $G(X,Z)$ 分别见式 (7-63) 和式 (7-64)，且

$$B = \begin{pmatrix} 0 \\ 1 \end{pmatrix} \tag{7-66}$$

令 $e = Y - \beta X$ ，则误差系统为

$$\dot{e} = M(Z)e + Bu \tag{7-67}$$

容易验证 $(M(Z),B)$ 可控，从而得到 $(M(Z),B)$ 可镇定。根据定理 7.2，得到如下的控制器

$$u = Ke = k(t)B^{\mathrm{T}}e = k(t)(0,1)e = k(t)e_2 \tag{7-68}$$

根据定理 7.3，得到如下的控制器

$$u = K(Z)e = \left(-\frac{1}{3}, 0 \right)e = -\frac{1}{3}e_1 \tag{7-69}$$

对于 Γ_1^2 和 Γ_2^2 ，可类似地设计出相应的控制器，这里不再列出。

　　下面进行数值仿真，选择如下的初始条件： $X_1(0)=1$ ， $X_2(0)=-2$ ， $Z(0)=3$ ， $Y_1(0)=-4$ ， $Y_2(0)=5$ ， $k(0)=-1$ ， $\beta=3$ 。应用 45 阶龙格库塔方法得到图 7.4～图 7.6。图 7.4 显示了误差系统渐近稳定，即主从系统在上述控制器作用下实现了投影同步。图 7.5 分别显示了主系统和从系统的相图。从图 7.5 可看出，主从系统的相图是一样的，但是坐标轴不一样。图 7.6 显示了动态反馈增益渐近地收敛到一个负常数。

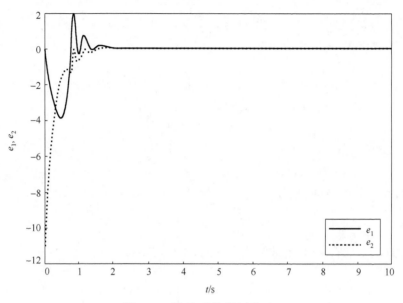

图 7.4　误差系统渐近稳定

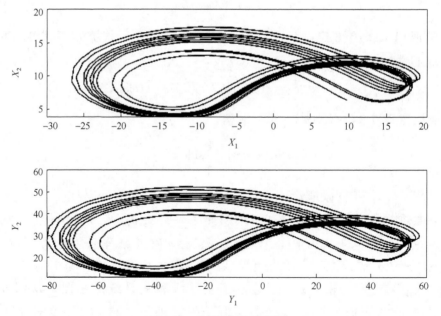

图 7.5　主从系统的相图

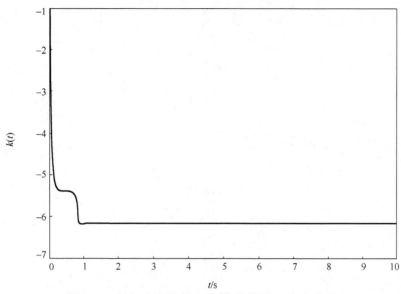

图 7.6　动态反馈增益渐近地收敛到一个负常数

例 7.3　考虑 Chen 超混沌系统[36]

$$\dot{y} = F(y) = \begin{pmatrix} -37y_1 + 37y_2 \\ -9y_1 - y_1y_3 + 26y_2 \\ -3y_3 + y_1y_2 + y_1y_3 - y_4 \\ -8y_4 + y_2y_3 - y_1y_3 \end{pmatrix} \tag{7-70}$$

其中，$y = [y_1, \cdots, y_4]^T$ 是系统的状态，$F(y) = [F_1(y), \cdots, F_4(y)]^T$ 是连续的向量函数。

根据 $F(\alpha y) = \alpha F(y)$，得到如下的方程组

$$\begin{cases} F_1(\alpha y) - \alpha_1 F_1(y) = (\alpha_2 - \alpha_1)y_2 \equiv 0 \\ F_2(\alpha y) - \alpha_2 F_2(y) = -9(\alpha_2 - \alpha_1)y_2 - (\alpha_1\alpha_3 - \alpha_2)y_1y_3 \equiv 0 \\ F_3(\alpha y) - \alpha_3 F_3(y) = (\alpha_1\alpha_2 - \alpha_3)y_1y_2 - (\alpha_1\alpha_3 - \alpha_3)y_1y_3 - (\alpha_3 - \alpha_4)y_4 \equiv 0 \\ F_4(\alpha y) - \alpha_4 F_4(y) = (\alpha_2\alpha_3 - \alpha_4)y_2y_3 - (\alpha_1\alpha_3 - \alpha_4)y_1y_3 \equiv 0 \end{cases} \tag{7-71}$$

整理得到

$$\begin{cases} \alpha_2 = \alpha_1 \\ \alpha_1\alpha_3 = \alpha_2 \\ \alpha_3 = \alpha_4 \\ \alpha_1\alpha_2 = \alpha_3 \\ \alpha_1 = 1 \\ \alpha_2\alpha_3 = \alpha_4 \\ \alpha_1\alpha_3 = \alpha_4 \end{cases} \tag{7-72}$$

解方程 (7-72) 只得到如下的一个解

$$\begin{pmatrix} \alpha_1 \\ \alpha_2 \\ \alpha_3 \\ \alpha_4 \end{pmatrix} = \begin{pmatrix} 1 \\ 1 \\ 1 \\ 1 \end{pmatrix} \tag{7-73}$$

很显然，不满足投影同步的条件。

根据算法 7.1，得到

$$\Gamma_3^2 = \begin{pmatrix} \alpha_1 \\ \alpha_2 \\ \alpha_3 \\ \alpha_4 \end{pmatrix} = \begin{pmatrix} \beta \\ \beta \\ 1 \\ 1 \end{pmatrix} \tag{7-74}$$

是下面方程组

$$\begin{cases} \alpha_2 = \alpha_1 \\ \alpha_1 \alpha_3 = \alpha_2 \end{cases} \tag{7-75}$$

的唯一解。

根据算法 7.1，得到如下的变换矩阵

$$T = \begin{pmatrix} 1 & 0 & 0 & 0 \\ 0 & 1 & 0 & 0 \\ 0 & 0 & 1 & 0 \\ 0 & 0 & 0 & 1 \end{pmatrix} \tag{7-76}$$

通过状态变换

$$\begin{pmatrix} X \\ Z \end{pmatrix} = Ty \tag{7-77}$$

Chen 超混沌系统 (7-70) 分解为如下的两个子系统

$$\dot{X} = M(Z)X \tag{7-78}$$

$$\dot{Z} = G(X, Z) \tag{7-79}$$

其中

$$M(Z) = \begin{pmatrix} -37 & 37 \\ -9 - Z_3 & 26 \end{pmatrix} \tag{7-80}$$

$$G(X,Z) = \begin{pmatrix} -3Z_3 + X_1X_2 + X_1Z_3 - Z_4 \\ -38Z_4 + X_2Z_3 - X_1Z_3 \end{pmatrix} \tag{7-81}$$

则相应的从系统为

$$\dot{Y} = M(Z)Y + Bu \tag{7-82}$$

其中，$M(Z)$、$G(X,Z)$ 分别见式 (7-80) 和式 (7-81)，且

$$B = \begin{pmatrix} 0 \\ 1 \end{pmatrix} \tag{7-83}$$

令 $e = Y - \beta X$，则误差系统为

$$\dot{e} = M(Z)e + Bu \tag{7-84}$$

容易验证 $(M(Z),B)$ 可控，得到 $(M(Z),B)$ 可镇定。根据定理 7.2，得到如下的控制器

$$u = Ke = k(t)B^{\mathrm{T}}e = k(t)(0,1)e = k(t)e_2 \tag{7-85}$$

根据定理 7.3，得到如下的控制器

$$u = K(Z)e = (Z_3 + 9, -27)e = (Z_3 + 9)e_1 - 27e_2 \tag{7-86}$$

下面进行数值仿真，选择如下的初始条件：$X_1(0) = 1$，$X_2(0) = -2$，$Z_3(0) = 3$，$Z_4(0) = -4$，$Y_1(0) = -5$，$Y_2(0) = 6$，$k(0) = -1$，$\beta = 0.5$。应用 45 阶龙格库塔方法得到图 7.7～图 7.9。图 7.7 显示了误差系统渐近稳定，即主从系统在上述控

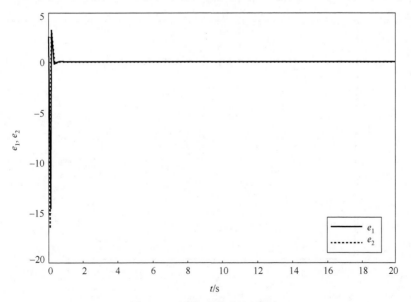

图 7.7 误差系统渐近稳定

制器作用下实现了投影同步，图 7.8 分别显示了主系统和从系统的相图。从图 7.8 可看出，主从系统的相图是一样的，但是坐标轴不一样。图 7.9 显示了动态反馈增益渐近地收敛到一个负常数。

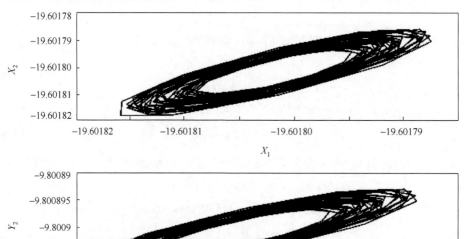

图 7.8　主从系统的相图

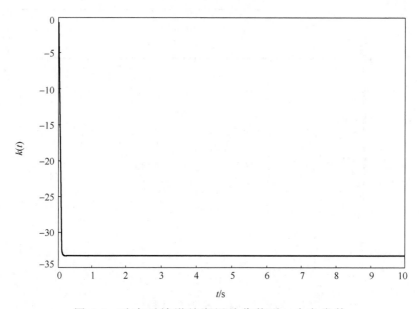

图 7.9　动态反馈增益渐近地收敛到一个负常数

例 7.4 考虑新 4D 超混沌系统[37]

$$\dot{y} = F(y) = \begin{pmatrix} 35(y_2 - y_1) + y_2 y_3 y_4 \\ 10(y_1 + y_2) - y_1 y_3 y_4 \\ -y_3 + y_1 y_2 y_4 \\ -10y_4 + y_1 y_2 y_3 \end{pmatrix} \tag{7-87}$$

其中，$y = [y_1, \cdots, y_4]^T$ 是系统的状态，$F(y) = [F_1(y), \cdots, F_4(y)]^T$ 是连续的向量函数。

根据 $F(\alpha y) = \alpha F(y)$，得到如下的方程组

$$\begin{cases} F_1(\alpha y) - \alpha_1 F_1(y) = 35(\alpha_2 - \alpha_1)y_2 + (\alpha_2 \alpha_3 \alpha_4 - \alpha_1)y_2 y_3 y_4 \equiv 0 \\ F_2(\alpha y) - \alpha_2 F_2(y) = 10(\alpha_2 - \alpha_1)y_1 - (\alpha_1 \alpha_3 \alpha_4 - \alpha_2)y_1 y_3 y_4 \equiv 0 \\ F_3(\alpha y) - \alpha_3 F_3(y) = (\alpha_1 \alpha_2 \alpha_4 - \alpha_3)y_1 y_2 y_4 \equiv 0 \\ F_4(\alpha y) - \alpha_4 F_4(y) = (\alpha_1 \alpha_2 \alpha_3 - \alpha_4)y_1 y_2 y_3 \equiv 0 \end{cases} \tag{7-88}$$

整理得到

$$\begin{cases} \alpha_2 = \alpha_1 \\ \alpha_1 \alpha_3 \alpha_4 = \alpha_2 \\ \alpha_1 \alpha_2 \alpha_4 = \alpha_3 \\ \alpha_1 \alpha_2 \alpha_3 = \alpha_4 \end{cases} \tag{7-89}$$

解方程 (7-89) 只得到如下的解

$$\begin{pmatrix} \alpha_1 \\ \alpha_2 \\ \alpha_3 \\ \alpha_4 \end{pmatrix} = \begin{pmatrix} 1 \\ 1 \\ 1 \\ 1 \end{pmatrix}, \quad \begin{pmatrix} \alpha_1 \\ \alpha_2 \\ \alpha_3 \\ \alpha_4 \end{pmatrix} = \begin{pmatrix} -1 \\ -1 \\ -1 \\ -1 \end{pmatrix}, \quad \begin{pmatrix} \alpha_1 \\ \alpha_2 \\ \alpha_3 \\ \alpha_4 \end{pmatrix} = \begin{pmatrix} -1 \\ -1 \\ 1 \\ 1 \end{pmatrix}, \quad \begin{pmatrix} \alpha_1 \\ \alpha_2 \\ \alpha_3 \\ \alpha_4 \end{pmatrix} = \begin{pmatrix} 1 \\ 1 \\ -1 \\ -1 \end{pmatrix}$$

很显然，不满足投影同步的条件。

根据算法 7.1，得到

$$\Gamma_3^2 = \begin{pmatrix} \alpha_1 \\ \alpha_2 \\ \alpha_3 \\ \alpha_4 \end{pmatrix} = \begin{pmatrix} \beta \\ \beta \\ 1 \\ 1 \end{pmatrix} \tag{7-90}$$

是下面方程组

$$\begin{cases} \alpha_2 = \alpha_1 \\ \alpha_1 \alpha_3 \alpha_4 = \alpha_2 \end{cases} \tag{7-91}$$

的解。

$$\Gamma_1^2 = \begin{pmatrix} \alpha_1 \\ \alpha_2 \\ \alpha_3 \\ \alpha_4 \end{pmatrix} = \begin{pmatrix} 1 \\ 1 \\ \beta \\ \beta \end{pmatrix} \tag{7-92}$$

是下面方程组

$$\begin{cases} \alpha_1 \alpha_2 \alpha_4 = \alpha_3 \\ \alpha_1 \alpha_2 \alpha_3 = \alpha_4 \end{cases} \tag{7-93}$$

的解。

先考虑 Γ_3^2，根据算法 7.1，得到如下的变换矩阵

$$T = \begin{pmatrix} 1 & 0 & 0 & 0 \\ 0 & 1 & 0 & 0 \\ 0 & 0 & 1 & 0 \\ 0 & 0 & 0 & 1 \end{pmatrix} \tag{7-94}$$

通过状态变换

$$\begin{pmatrix} X \\ Z \end{pmatrix} = Ty \tag{7-95}$$

新 4D 超混沌系统 (7-90) 分解为如下的两个子系统

$$\dot{X} = M(Z)X \tag{7-96}$$

$$\dot{Z} = G(X,Z) \tag{7-97}$$

其中

$$M(Z) = \begin{pmatrix} -35 & 35 + Z_3 Z_4 \\ 10 - Z_3 Z_4 & 10 \end{pmatrix} \tag{7-98}$$

$$G(X,Z) = \begin{pmatrix} -Z_3 + X_1 X_2 Z_4 \\ -10Z_4 + X_1 X_2 Z_3 \end{pmatrix} \tag{7-99}$$

则相应的从系统为

$$\dot{Y} = M(Z)Y + Bu \tag{7-100}$$

其中，$M(Z)$ 见式 (7-98)，且

$$B = \begin{pmatrix} 0 \\ 1 \end{pmatrix} \tag{7-101}$$

令 $e = Y - \beta X$，则误差系统为

$$\dot{e} = M(Z)e + Bu \tag{7-102}$$

容易验证 $(M(Z), B)$ 可控，得到 $(M(Z), B)$ 可镇定。根据定理 7.2，得到如下的控制器

$$u = Ke = k(t)B^{\mathrm{T}}e = k(t)(0,1)e = k(t)e_2 \tag{7-103}$$

根据定理 7.3，得到如下的控制器

$$u = K(Z)e = (Z_3Z_4 - 10, -11)e = (Z_3Z_4, -10)e_1 - 11e_2 \tag{7-104}$$

下面进行数值仿真，选择如下的初始条件：$X_1(0) = 1$，$X_2(0) = -2$，$Z_3(0) = 3$，$Z_4(0) = -4$，$Y_1(0) = -5$，$Y_2(0) = 6$，$k(0) = -1$，$\beta = 2.5$。应用 45 阶龙格库塔方法得到图 7.10～图 7.12。图 7.10 显示了误差系统渐近稳定，即主从系统在上述控制器作用下实现了投影同步。图 7.11 分别显示了主系统和从系统的相图。从图 7.11 可看出，主从系统的相图是一样的，但是坐标轴不一样。图 7.12 显示了动态反馈增益渐近地收敛到一个负常数。

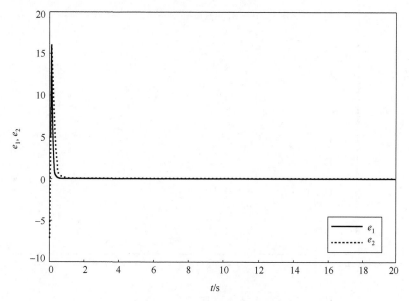

图 7.10　误差系统渐近稳定

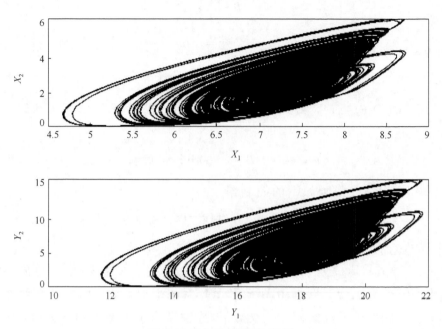

图 7.11   主从系统的相图

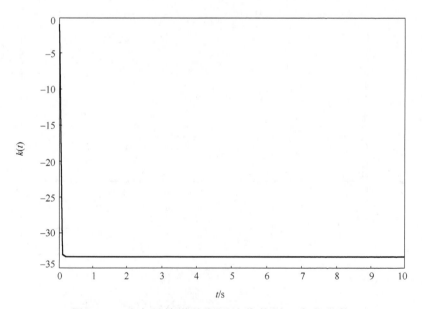

图 7.12   动态反馈增益渐近地收敛到一个负常数

参 考 文 献

[1] Mainieri R, Rehacke J. Projective synchronization in three-dimensional chaotic oscillators. Physical Review Letters, 1999, 82(15): 3042-3045.

[2] Xu D L. Control of projective synchronization in chatic system. Physical Review Letters, 2001, 63(2): 027201.

[3] Xu D L, Chee C Y. Controlling the ultimate state of projective synchronization in chaotic systems of arbitrary dimension. Physical Review E, 2002, 66(4): 04621801.

[4] Chang C, Chen H. Chaos and hybrid projective synchronization of commensurate and incommensurate fractional-order Chen-Lee system. Nonlinear Dynamics, 2010, 62(4): 851-858.

[5] Banerjee S, Theesar S J, Kurths J. Generalized variable projective synchronization of time delayed systems. Chaos, 2013, 23(11): 01311801.

[6] Al-Mahbashi G, Noorani M S, Bakar S A. Projective lag synchronization in drive-response dynamical networks with delay coupling via hybrid feedback control. Nonlinear Dynamics, 2015, 82(3): 1569-1579.

[7] Du H Y, Shi P. A new robust adaptive control method for modified function projective synchronization with unknown bounded parametric uncertainties and external disturbances. Nonlinear Dynamics, 2016, 85(11): 355-363.

[8] Wang Z F, Shi X R. Anti-synchronization of Liu system and Lorenz system with known and unknown parameters. Nonlinear Dynamics, 2009, 57(3): 425-430.

[9] Barbashin E A. Introduction to the Theory of Stability. Groningen: Wolters-Noordhoff Publishing, 1970.

[10] Li X F, Andrew C L, Han X P. Complete anti-synchronization of chaotic systems with fully uncertain parameters by adaptive control. Nonlinear Dynamics, 2011, 63(2): 263-275.

[11] Hammami S, Benrejeba M, Fekib M, et al. Feedback control design for Rossler and Chen chaotic systems anti-synchronization. Physics Letters A, 2010, 374(28): 2835-2840.

[12] Fang L Y, Li T S, Li F, et al. Adaptive terminal sliding mode control for

anti-synchronization of uncertain chaotic systems. Nonlinear Dynamics, 2013, 74(4): 991-1002.

[13] Srivastava M, Ansari S P, Agrawal S K, et al. Anti-synchronization between identical and non-identical fractional-order chaotic systems using active control method. Nonlinear Dynamics, 2014, 76(2): 905-914.

[14] Li H L, Jiang Y L, Wang Z L. Anti-synchronization and intermittent anti-synchronization of two identical hyperchaotic Chua systems via impulsive control. Nonlinear Dynamics, 2015, 79(2): 919-925.

[15] Feng C F. Projective synchronization between two different time-delayed chaotic systems using active control approach. Nonlinear Dynamics, 2010, 62(5): 453-459.

[16] Guo R W. A simple adaptive controller for chaos and hyperchaos synchronization. Physics Letters A, 2008, 372(34): 5593-5597.

[17] Lorenz E N. Deterministic nonperiodic flow. Journal of Atmospheric Science, 1963, 20(2): 130-141.

[18] Liu L X, Guo R W. Control problems of Chen-Lee system by adaptive control method. Nonlinear Dynamics, 2017, 87(1): 503-510.

[19] Tam L M, Tou W M S. Parametric study of the fractional order Chen-Lee system. Chaos, Solitons and Fractals, 2008, 37(10): 817-826.

[20] Qi G Y, Du S Z, Chen G R, et al. On a four-dimensional chaotic system. Chaos, Solitons and Fractals, 2005, 23(6): 1671-1682.

第8章 混沌系统的跟踪问题

8.1 引　言

众所周知，混沌系统的渐近跟踪问题不仅在理论上非常重要，在实际中也非常有意义。然而，这一重要问题却很少被关注。即使目前存在一些关于该问题的研究，但是大部分研究没有得到渐近跟踪的结果。实际上，目前得到的跟踪结果只是有界跟踪[1-6]，大部分跟踪控制的结果是将系统的一个状态控制到一个期望的状态，很少结果实现了轨道跟踪。即使有的结果实现了轨道跟踪，但是所设计的控制器不仅在形式上复杂，而且在物理上也不可实现。因此，本章将继续研究该问题，并将给出一个比较新颖的结果。

8.2 问　题　描　述

考虑如下 n 维混沌系统

$$\dot{w} = F(w) \tag{8-1}$$

其中，$\dot{w}$ 表示 w 关于时间 t 的导数，$w \in \mathbf{R}^n$ 是系统的状态变量，$F(w) \in \mathbf{R}^n$ 是连续的向量函数。

对于系统(8-1)，相应的受控系统为

$$\begin{aligned} \dot{w} &= F(w) + U \\ y &= Gw \end{aligned} \tag{8-2}$$

其中，$U \in \mathbf{R}^n$ 是要设计的控制器，$y \in \mathbf{R}^p$ 是系统(8-2)的输出，$G \in \mathbf{R}^{p \times n}$，$p \geqslant 1$。

对于系统(8-2)做非奇异变换 $v = Tw$，系统(8-2)将转化成如下的系统

$$\begin{aligned} \dot{x} &= A(z)x + Bu \\ z &= f(x, z) \\ y &= Cx \end{aligned} \tag{8-3}$$

其中，$v=(x,z)\in \mathbf{R}^n$ 是系统的状态变量，$x\in \mathbf{R}^m$，$z\in \mathbf{R}^{n-m}$，$m\geq 2$，$A(z)\in \mathbf{R}^{m\times m}$，$f(x,z)\in \mathbf{R}^{n-m}$ 是连续的向量函数，$B\in \mathbf{R}^{m\times q}$ 是具有列满秩的矩阵，$q\geq 1$，$(A(z),B)$ 可控，$C\in \mathbf{R}^{p\times n}$。

注 8.1　对于系统(8-2)，如果该系统完全可控，则非奇异变换 $v=Tw$ 就能得到。本章的目的是设计一个形式上简单而且在物理上可实现的控制器 $u(t)$ 实现系统(8-3)的渐近跟踪问题，即

$$\lim_{t\to\infty} y(t)=c(t) \tag{8-4}$$

假设是分 $c(t)$ 段连续（光滑）和一致有界的，其中

$$c(t)=(c_1(t),\cdots,c_p(t)),\quad 1\leq p\leq m \tag{8-5}$$

为了实现系统(8-3)的渐近跟踪问题，首先引入一个参考模型，该参考模型能渐近跟踪一个给定的信号。然后，再设计形式上简单而且在物理上可实现的控制器来实现混沌系统和其参考系统的完全同步，从而实现给定混沌系统的渐近跟踪问题。

8.2.1　参考模型

n 维参考模型如下

$$\begin{aligned}\dot{x}_r &= (A(z)+BK(z))x_r+B_r(z)c(t)+D_r(z)\dot{c}(t)\\ \dot{z} &= f(x,z)\\ y_r &= Cx_r\end{aligned} \tag{8-6}$$

其中，$[x_r,z]\in \mathbf{R}^n$ 是系统的状态变量，$x_r=[x_{r1},\cdots,x_{rm}]\in \mathbf{R}^m$，$m\geq 2$，$C$ 见式(8-3)，$c(t)$ 见式(8-5)，$K(z)$ 是具有合适维数的反馈增益矩阵，并且满足 $A(z)+BK(z)$ 是 Hurwitz 的，可分成如下的两块，即

$$A(z)+BK(z)=(N_1(z),N_2(z)) \tag{8-7}$$

其中，$N_1(z)\in \mathbf{R}^{m\times p}$，$N_2(z)\in \mathbf{R}^{m\times(m-p)}$，$B_r(z)\in \mathbf{R}^{m\times p}$ 是一个矩阵且

$$D_r=\begin{pmatrix}I_p\\0\end{pmatrix}\in \mathbf{R}^{m\times p} \tag{8-8}$$

I_p 是 $p\times p$ 阶单位矩阵。

注 8.2 对于参考系统(8-6)，反馈增益矩阵 $K(z)$ 可由线性系统中的极点配置方法来得到。此外，对于系统(8-6)，最常见的情况是 $B_r(z) = -(A(z) + BK(z))$，$D_r = I_m$，其中，I_p 是 $m \times m$ 阶单位矩阵。在这种情况下，当 $t \to \infty$，$x_{ri}(t) \to c_i(t)$，$i = 1, \cdots, m$。进一步，如果 $c(t)$ 是一个常数信号，则令 $D_r = 0$。

定理 8.1 考虑系统(8-6)，状态变量 $x_r(t)$ 能全局渐近跟踪任意光滑(连续)且一致有界的信号 $[c(t), 0]^T \in \mathbf{R}^m$。

证明：令 $\gamma = x_r - [c(t), 0]^T$，因为 $A(z) + BK(z)$ 是 Hurwitz 的，得到 $\dot{\gamma} = (A(z) + BK(z))\gamma$ 是全局渐近稳定的。因此 $\gamma \to 0$，即当 $t \to \infty$ 时，$x_r \to [c(t), 0]^T$。关于系统，得到

$$\dot{\gamma} = (A(z) + BK(z))\gamma$$

$$\dot{x}_r - \begin{pmatrix} c(t) \\ 0 \end{pmatrix} = [A(z) + BK(z)] \left[x_r - \begin{pmatrix} c(t) \\ 0 \end{pmatrix} \right]$$

即

$$\dot{x}_r = [A(z) + BK(z)]x_r - [A(z) + BK(z)] \begin{pmatrix} c(t) \\ 0 \end{pmatrix} + \begin{pmatrix} \dot{c}(t) \\ 0 \end{pmatrix}$$

进一步，得到

$$\dot{x}_r = [A(z) + BK(z)]x_r - (N_1(z), N_2(z)) \begin{pmatrix} c(t) \\ 0 \end{pmatrix} + \begin{pmatrix} I_p & 0 \\ 0 & I_{m-p} \end{pmatrix} \begin{pmatrix} \dot{c}(t) \\ 0 \end{pmatrix}$$

经过简单计算，得到

$$\dot{x}_r = [A(z) + BK(z)]x_r - N_1(z)c(t) + \begin{pmatrix} I_p \\ 0 \end{pmatrix} \dot{c}(t)$$

也就是

$$\dot{x}_r = [A(z) + BK(z)]x_r + B_r(z)c(t) + D_r\dot{c}(t)$$

证毕。

8.2.2 控制器设计

接下来，将研究如何设计形式简单而且物理上可实现的控制器 $u(t)$，该控制器能使得系统(8-3)渐近跟踪信号 $[c(t), 0]^T$ 等价于使得系统状态 x 渐近跟

踪参考系统的状态 x_r，即跟踪误差系统 $e(t) = x_r - x$ 渐近稳定。期望的误差系统如下

$$\dot{e}(t) = (A(z) + BK(z))e \qquad (8\text{-}9)$$

其中，$K(z)$ 见式 (8-6)。

联立式 (8-3)、式 (8-6) 和式 (8-9)，得到

$$\dot{e} = [A(z) + BK(z)]x_r + B_r(z)c(t) + D_r\dot{c}(t) - A(z)x(t) - Bu(t) \\ = [A(z) + BK(z)]e(t) \qquad (8\text{-}10)$$

基于式 (8-10)，则控制器 $u(t)$ 应满足

$$Bu(t) = BK(z)x(t) + B_r(z)c(t) + D_r\dot{c}(t) \qquad (8\text{-}11)$$

设计的控制器如下

$$u(t) = B^+[BK(z)x(t) + B_r(z)c(t) + D_r\dot{c}(t)] \\ = K(z)x(t) + B^+[B_r(z)c(t) + D_r\dot{c}(t)] \qquad (8\text{-}12)$$

其中，$B^+ = (B^TB)^{-1}B^T$ 是矩阵 B 的伪逆矩阵。

注 8.3　关于式 (8-12) 给出的控制器 $u(t)$ 做如下三点说明。

情况 1：如果 B^{-1} 存在，则式 (8-12) 给出的控制器 $u(t)$ 是方程 (8-11) 的精确解。在这种情况下，系统 (8-3) 的状态 $x(t)$ 渐近跟踪参考系统 (8-6) 的状态 $x_r(t)$，且 $x_i(t)$ 渐近跟踪信号 $c_i(t)$，$i = 1, 2, \cdots, p$。

情况 2：如果 B 是不可逆的，则式 (8-12) 给出的控制器 $u(t)$ 是式 (8-11) 的精确解的充要条件是下面的结构限制条件

$$[I - BB^+][BK(z)x(t) + B_r(z)c(t) + D_r\dot{c}(t)] \equiv 0 \qquad (8\text{-}13)$$

成立。在这种情况下，系统 (8-3) 的状态 x 渐近跟踪参考系统 (8-6) 的状态 $x_r(t)$，且 $x_i(t)$ 渐近跟踪信号 $c_i(t)$，$i = 1, 2, \cdots, p$。

情况 3：如果 B 不可逆并且结构限制条件 (8-13) 不满足，则式 (8-12) 给出的控制器 $u(t)$ 仅仅是式 (8-11) 的近似解。在这种情况下，控制器 $u(t)$ 的控制效果可由反馈增益 $K(z)$ 来调整，但是无法达到渐近跟踪。

8.2.3　数值例子及仿真

本节将给出三个例子并结合数值仿真来验证所得理论结果的正确性和有效性。

例 8.1　考虑 Lorenz 系统[7]

$$\dot{w}_1 = 10(w_2 - w_1)$$
$$\dot{w}_2 = 28w_1 - w_2 - w_1w_2 \tag{8-14}$$
$$\dot{w}_3 = w_1w_2 - \frac{8}{3}w_3$$

令 $x_1 = w_1$，$x_2 = w_2$，$x_3 = w_3$，则受控 Lorenz 系统如下

$$\dot{x} = A(z)x + Bu(t)$$
$$\dot{z} = f(x,z) \tag{8-15}$$
$$y = Cx$$

其中，$x = (x_1, x_2)$，$z \in \mathbf{R}$，$u \in \mathbf{R}$，

$$A(z) = \begin{pmatrix} -10 & 10 \\ 28 - z & -1 \end{pmatrix}, \quad B = \begin{pmatrix} 1 \\ 0 \end{pmatrix}, \quad C = (0,1) \tag{8-16}$$

且

$$f(x,z) = x_1x_2 - \frac{8}{3}z \tag{8-17}$$

接下来的目的设计控制器 $u(t)$ 使得

$$\lim_{t \to \infty} y(t) = c_1(t) = 5$$

第一步是设计参考系统。根据式 (8-16) 给出的矩阵 $A(z)$，一个可行的反馈增益 $K(z)$ 为

$$K(z) = [0, -10] \tag{8-18}$$

则参考系统如下

$$\dot{x}_r = (A(z) + BK(z))x_r + B_r(z)c(t) \tag{8-19}$$

其中，$B_r(z) = \begin{pmatrix} 10 \\ 0 \end{pmatrix}$。

第二步是设计控制器 $u(t)$。根据式 (8-12)，设计的控制器如下

$$u(t) = K(z)x + B^+B_rc(t) = -10x_2 + 10c(t) \tag{8-20}$$

因此，系统 (8-15) 与参考系统 (8-19) 达到了同步，$y = x_1$ 渐近跟踪信号 $c_1(t) = 5$。

下面进行数值仿真，选择初始值 $x(0) = [0, -2, 3]$，数值仿真结果如图 8.1

和图 8.2 所示。从图 8.1 中可以看到 $y = x_1$ 很快收敛到 $c_1(t) = 5$。图 8.2 显示了系统 (8-15) 的状态 $[x_2, x_3]$ 当 $t \to \infty$ 时收敛到常数。

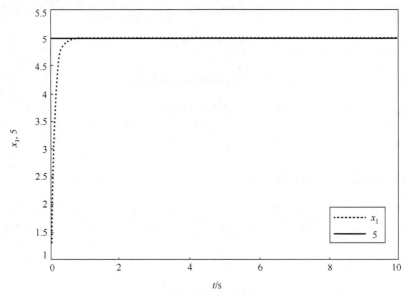

图 8.1　　$y = x_1$ 很快收敛到 $c_1(t) = 5$

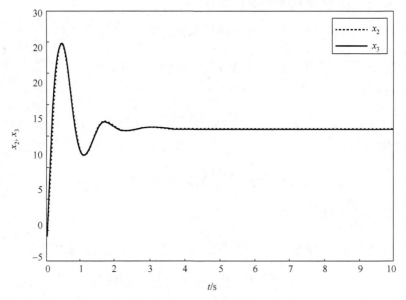

图 8.2　系统 (8-15) 的状态响应

例 8.2 考虑 Chen-Lee 混沌系统[8]

$$\dot{w}_1 = 5w_1 - w_2 w_3$$
$$\dot{w}_2 = w_1 w_3 - 10w_2 \tag{8-21}$$
$$\dot{w}_3 = \frac{1}{3} w_1 w_3 - 3.8 w_3$$

令 $x_1 = w_1$，$x_2 = w_2$，$x_3 = w_3$，则受控 Chen-Lee 混沌系统为

$$\dot{x} = A(z)x + Bu(t)$$
$$\dot{z} = f(x,z) \tag{8-22}$$
$$y = Cx$$

其中，$x = [x_1, x_2]$，$z \in \mathbf{R}$，$u \in \mathbf{R}$，

$$A(z) = \begin{pmatrix} 5 & -z \\ z & -10 \end{pmatrix}, \quad B = \begin{pmatrix} 1 \\ 0 \end{pmatrix}, \quad C(0,1) \tag{8-23}$$

且

$$f(x,z) = \frac{1}{3} x_1 x_2 - 3.8z \tag{8-24}$$

接下来的目的设计控制器 $u(t)$ 使得

$$\lim_{t \to \infty} y(t) = c_1(t) = \sin(3t)$$

第一步是设计参考系统。根据式 (8-16) 给出的矩阵 $A(z)$，一个可行的反馈增益 $K(z)$ 为

$$K(z) = [-6, 0] \tag{8-25}$$

则参考系统如下

$$\dot{x}_r = (A(z) + BK(z))x_r + B_r(z)c(t) + D_r \dot{c}(t) \tag{8-26}$$

其中，$B_r(z) = D_r = \begin{pmatrix} 1 \\ 0 \end{pmatrix}$。

第二步是设计控制器 $u(t)$。根据式 (8-12)，设计的控制器如下

$$u(t) = -6x_1 + c(t) + \dot{c}(t) \tag{8-27}$$

因此，系统 (8-22) 与参考系统 (8-26) 达到了同步，$y = x_1$ 渐近跟踪信号 $c_1(t) = \sin(3t)$。

下面进行数值仿真，选择初始值 $x(0) = [1, \ -2, \ 3]$，数值仿真结果如图 8.3 和图 8.4 所示。从图 8.3 可以看到 $y = x_1$ 很快收敛到 $c_1(t) = \sin(3t)$。图 8.4 显示了系统 (8-22) 的状态 $[x_2, x_3]$ 当 $t \to \infty$ 收敛到常数。

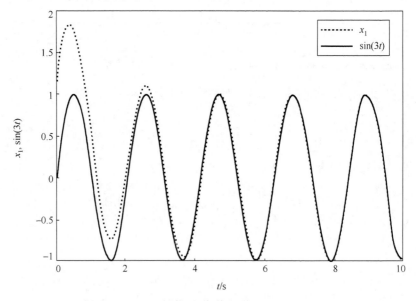

图 8.3　$y = x_1$ 很快地收敛到信号 $c_1(t) = \sin(3t)$

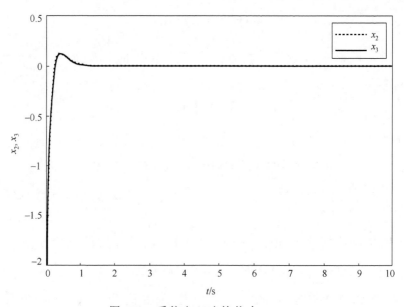

图 8.4　系统 (8-22) 的状态 $[x_2, x_3]$

例 8.3　考虑四维超混沌系统[9]

$$\dot{w}_1 = 35(w_2 - w_1) + w_2 w_3 w_4$$
$$\dot{w}_2 = 10(w_1 - w_2) + w_1 w_3 w_4$$
$$\dot{w}_3 = -w_3 + w_1 w_2 w_4 \tag{8-28}$$
$$\dot{w}_4 = -10 w_4 + w_1 w_2 w_3$$

令 $x_1 = w_1$，$w_2 = w_2$，$z_1 = w_3$，$z_2 = w_4$，则受控系统(8-28)如下

$$\dot{x} = A(z)x + Bu(t)$$
$$\dot{z} = f(x, z) \tag{8-29}$$
$$y = Cx$$

其中，$x = (x_1, x_2)$，$z \in \mathbf{R}^2$，$u \in \mathbf{R}^2$，

$$A(z)\begin{pmatrix} -35 & 35 + z_1 z_2 \\ 10 - z_1 z_2 & 10 \end{pmatrix} \tag{8-30}$$

$$B = C = \begin{pmatrix} 1 & 0 \\ 0 & 1 \end{pmatrix} \tag{8-31}$$

且

$$f(x, z) = \begin{pmatrix} f_1(x, z) \\ f_2(x, z) \end{pmatrix} = \begin{pmatrix} -z_1 + x_1 x_2 z_2 \\ -10 z_2 + x_1 x_2 z_1 \end{pmatrix} \tag{8-32}$$

接下来的目的设计控制器 $u(t)$ 使得

$$\lim_{t \to \infty} y(t) = c(t)，\quad 即 \lim_{t \to \infty} x_1(t) = 3\cos(3t)，\quad \lim_{t \to \infty} x_2(t) = 3\sin(3t)$$

第一步是设计参考系统。根据式(8-30)给出的矩阵 $A(z)$，一个可行的反馈增益 $K(z)$ 为

$$K(z) = \begin{pmatrix} 0 & -35 \\ -10 & -20 \end{pmatrix} \tag{8-33}$$

则参考系统如下

$$\dot{x}_r = (A(z) + BK(z))x_r + B_r(z)c(t) + D_r\dot{c}(t) \tag{8-34}$$

其中

$$B_r(z) = D_r = \begin{pmatrix} 35 & 0 \\ 0 & 10 \end{pmatrix} \tag{8-35}$$

第二步是设计控制器 $u(t)$。根据式(8-12)，设计的控制器如下

$$u(t) = \begin{pmatrix} -35x_2 \\ -10x_1 - 20x_2 \end{pmatrix} + \begin{pmatrix} 35c_1(t) \\ 10c_2(t) \end{pmatrix} + \begin{pmatrix} \dot{c}_1(t) \\ \dot{c}_2(t) \end{pmatrix} \qquad (8\text{-}36)$$

因此，系统 (8-29) 和参考系统 (8-34) 同步，且输出 $y = [x_1, x_2]$ 渐近收敛到信号 $c(t) = [c_1(t), c_2(t)]$。

下面进行数值仿真，选择初始值 $x(0) = [-1.5, -2, 3, -2]$。仿真结果如图 8.5～图 8.7 所示。从图 8.5 可以看到系统 (8-29) 的状态 $[x_1, x_2]$ 很快速地收敛到信号

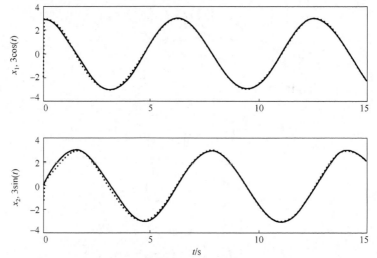

图 8.5　状态 $[x_1, x_2]$ 快速地收敛到信号 $[3\sin(3t), 3\cos(3t)]$

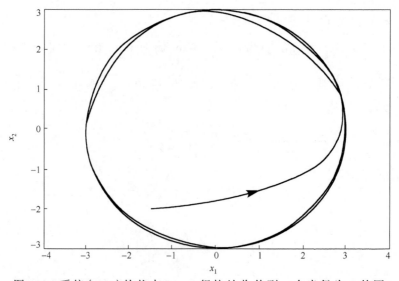

图 8.6　系统 (8-29) 的状态 $[x_1, x_2]$ 很快地收敛到一个半径为 3 的圆

$c(t)=[3\sin(3t),3\cos(3t)]$。从图 8.6 很容易看到系统 (8-29) 的状态 $[x_1,x_2]$ 很快地收敛到一个半径为 3 的圆。图 8.7 给出了系统 (8-29) 的状态 $[x_3,x_4]$。

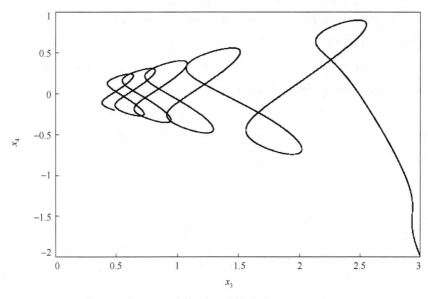

图 8.7　系统 (8-29) 的状态 $[x_3,x_4]$

参 考 文 献

[1] Selmic R R, Lewis F L. Deadzone compensation in motion control systems using neural networks. IEEE Transactions on Automatic Control, 2000, 45(4): 602-613.

[2] Selmic R R, Lewis F L. Neural net backlash compensation with Hebbian tuning using dynamic inversion. Automatica, 2001, 37(8): 1269-1277.

[3] Zhou J, Zhang C, Wen C. Robust adaptive output control of uncertain nonlinear plants with unknown backlash nonlinearity. IEEE Transactions on Automatic Control, 2007, 52(3): 503-509.

[4] Yu D C, Wu A G, Yang C P. A novel sliding mode nonlinear proportional-integral control scheme for controlling chaos. Chinese Physics, 2005, 14(5): 914-921.

[5] Yu D C, Wu A G, Wang D Q. A simple asymptotic trajectory control of full states of a unified chaotic system. Chinese Physics, 2006, 15(2): 306-309.

[6] Bazhenov V A, Pogorelova O S, Postnikova T G. Intermittent transition to chaos in

vibroimpact system. Applied Mathematics and Nonlinear Science, 2018, 3(2): 475-486.

[7]　Lorenz E N. Deterministic nonperiodic flow. Journal of the Atmospheric Science, 1963, 20(2): 130-141.

[8]　Tam L M, Tou W M S. Parametric study of the fractional order Chen-Lee system. Chaos, Solitons and Fractals, 2008, 37(10): 817-826.

[9]　Qi G Y, Du S Z, Chen G R, et al. On a four-dimensional chaotic system. Chaos, Solitons and Fractals, 2005, 23(6): 1671-1682.

彩　　图

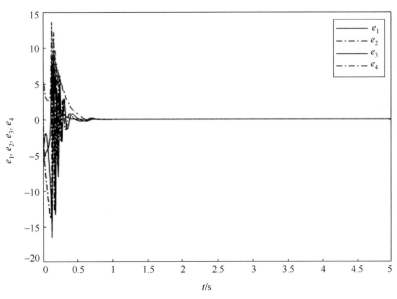

图 4.4　误差系统渐近稳定

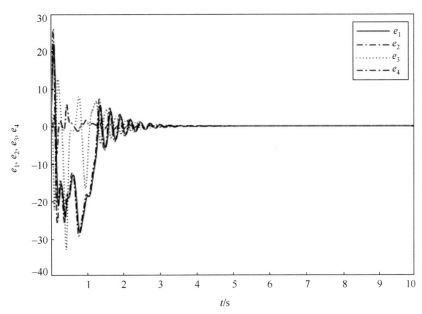

图 4.16　误差系统渐近稳定

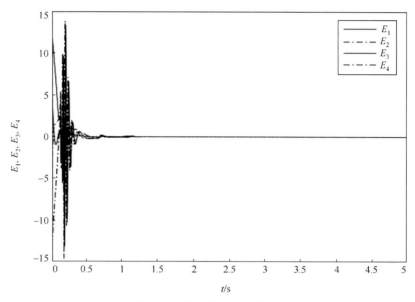

图 5.4   和系统渐近稳定

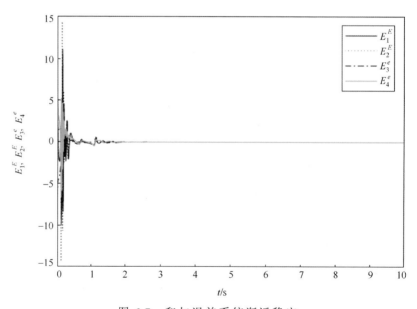

图 6.7   和与误差系统渐近稳定